Botanisch-geologische Spaziergänge

in der Umgegend [illegible]

Von

Prof. Dr. W. [illegible]

Landesgeologe, Berlin

Zweite Auflage

Mit 15 Abbildungen

Berlin

Verlag von Julius Springer

1934

ISBN-13: 978-3-642-89763-4 e-ISBN-13: 978-3-642-91620-5
DOI: 10.1007/978-3-642-91620-5

Vorwort.

Vor über 20 Jahren erschien unter dem gleichen Titel wie das vorliegende Büchlein ein „Exkursionsbuch“ für die Umgegend von Berlin, das seit längerem vergriffen ist. Verschiedene Anfragen auf von mir geführten naturwissenschaftlichen Ausflügen veranlassen mich, eine Neuherausgabe des Büchleins vorzunehmen, die die Verlagsbuchhandlung Julius Springer freundlichst übernommen hat. Es gibt zwar sowohl gute geologische und auch botanische Führer in die Mark und um Berlin herum, aber diese sind nicht das, was naturwissenschaftlich interessierte Laien brauchen, die ihren Ausflügen und Spaziergängen eine gewisse naturwissenschaftliche Würze beifügen möchten. Das Büchlein kann bei dem kleinen Umfang, der des leichteren Transports und des Preises wegen gewählt wurde, nicht viel bringen, aber doch reichlich genug, um dem Liebhaber der heimischen Natur über diese die Augen zu öffnen, so daß er die Landschaft und die Pflanzenwelt mit anderen Augen betrachten lernt als ein reiner Spaziergänger oder Wanderer. So ist das Buch auch zugleich als Heimatbuch aufzufassen, im Sinne der heutigen Zeit.

Die Anlage ist sonst ähnlich wie bei der früheren Ausgabe, deren Gedanken sich bewährt haben. Neu aufgenommen sind einige Parkspaziergänge, auf denen auch auf die schönen angepflanzten ausländischen Gehölze und Bäume hingewiesen ist, die vielfach zugleich Zeugen einer lange bei uns ausgestorbenen Pflanzenwelt sind, nämlich der der Braunkohlenzeit. Damit das zu Zeigende nicht verfehlt werden kann, ist die frühere Methode, genaue Wege anzugeben, beibehalten worden. In den Parken muß man dies sogar sehr genau machen, weil sonst die betreffenden Bäume nicht gefunden werden. Das Buch wird auch für Lehrer, die heute oft Ausflüge zu führen haben, von Nutzen sein.

Berlin, im Herbst 1934.

W. Gothan.

Inhaltsverzeichnis.

Aufeinanderfolge der geologischen Formationen.

Neuzeit der Erde, Kaenozoikum	Alluvium, Diluvium	Quartär
	Pliocän, Miocän, Oligocän, Eocän, Paleozän	Tertiär
Mittelzeit der Erde, Mesozoikum	Senon, Turon, Cenoman, Gault, Wealden und Neokom	Kreide
	Malm oder weißer Jura, Dogger oder brauner Jura, Lias oder schwarzer Jura	Jura
	Keuper, Muschelkalk, Buntsandstein	Trias
Altzeit der Erde, Paläozoikum	Zechstein, Rotliegend	Perm
	Karbon oder Steinkohlenformation	
	Devon	
	Silur	
	Kambrium	
	Präkambrium	

Archäikum (ohne Fossilien).

1. Exkursion: Waidmannslust — Lübars — Schildow.

Zeit: Anfang April.

Die heutige 1. Exkursion soll uns zunächst mit einigen geologischen Erscheinungen bekanntmachen, die bei der Entwicklung der Gelände- und Bodenbeschaffenheit eine wesentliche Rolle gespielt haben. Wir machen dies darum gleich an erster Stelle, weil wir diese Verhältnisse bei den späteren Exkursionen häufig brauchen. Es muß allerdings gesagt werden, daß gegen die frühere Zeit durch Bebauung und sonstige Veränderung des Geländes die Beobachtungen etwas erschwert sind. Man kann auch in vieler Beziehung die Freienwalder Exkursion (Nr. 7) an ihrer Stelle machen. Es soll aber diese kleine Exkursion dennoch aufgenommen werden, weil sie sehr nahe bei der Stadt liegt und an einem Nachmittage bequem ausführbar ist. Wir benutzen die Nordbahn vom Stettiner Bahnhof bis zur Station Waidmannslust, wenden uns rechts unter der Bahn durch und folgen der Waidmannstraße, dann Platanenstraße, biegen links in die Gutachstraße ab und folgen rechts der Tribergstraße immer geradeaus, die den alten Ziegeleiweg darstellt. Die Straße führt uns an Kiefernwald vorbei, und etwa beim Haus 64 links sehen wir einen Teich im Hintergrunde liegen, der die alte Ziegeleigrube erfüllt. Wir gehen auf diesen zu und sehen rechts davon einen kleineren Teich, an dessen Ufer noch an verschiedenen Stellen der graue Ton zutage tritt, der früher in der Ziegelei abgebaut wurde, der dem älteren märkischen Tertiär angehörige Septarienton oder Rupelton. Wir werden ihn genauer auf der Exkursion nach Freienwalde kennenlernen, wo er großartig aufgeschlossen ist. Er ist also bedeutend älter als die eiszeitlichen Bildungen, das Diluvium, das über dem Ton lagert. Es ist kaum möglich, hier noch größere Fossilien od. dgl. in dem Septarienton zu sammeln, man wird sich dies für die Freienwalder Exkursion aufsparen müssen. Der Ton enthält aber auch reichlich die kleinen zierlichen Kalkgehäuse der Foraminiferen, kleiner einfacher „Urtiere", die im Meere noch heute verbreitet sind. Der Ton ist also eine Meeresablagerung.

Auf unserem weiteren Wege können wir aber noch ganz leidlich den lehmigen Geschiebemergel oder Geschiebelehm studieren, der schon sehr früh die Aufmerksamkeit der Forschung erregt hat. Die Höhen, die uns nachher rechts begleiten auf dem Weiterwege nach Lübars zu, bestehen daraus. In dem lehmigen Boden finden sich, wie überall, so auch hier in Norddeutschland zahlreiche kleinere und größere, meist gerundete Gesteinsblöcke, auch Geschiebe genannt, deren größere vielfach als Findlinge oder erratische Blöcke bezeichnet werden. Es zeigte sich bei der genaueren Untersuchung, daß sich unter den Geschieben zahlreiche Gesteine z. T. sehr hohen geologischen Alters finden, sehr viel kristallinische Eruptivgesteine, wie Granite, Gneise, ferner Quarzite, Kalke, Sandsteine, Feuersteine usw. Bei dem Suchen nach dem Ursprungsort der Gesteinsarten der Blöcke merkte man, daß die Gesteine sich großenteils noch heute „anstehend" in Skandinavien, Finnland, Bornholm, Gotland usw. befinden. Obgleich die Geologie von Berlin fast nur aus der Geologie der eiszeitlichen Böden besteht, bieten die sehr verschiedenen und mannigfaltigen Geschiebe doch für den Geologen eine Quelle sehr interessanten Studiums, und die Geschiebekunde hat gerade neuerdings einen Aufschwung genommen (Gesellschaft für Geschiebeforschung, Berlin). Wir können hier nicht auf die verschiedenen Arten der Geschiebe eingehen, heben nur hervor, daß man kristalline und Sedimentärgeschiebe unterscheidet. Die ersteren bestehen aus kristallisierten Gesteinen (Eruptiva) wie Granit, Gneis, Diabas, Syenit usw., die Sedimentärgesteine sind dagegen vom Wasser abgesetzte und dann erhärtete Gesteine wie z.B. Sandsteine, Schiefer, Mergel und Kalke. Von den Sedimentärgeschieben spielen eine besondere Rolle die zahlreichen Stücke des Gotländer und anderer Kalke; der Gotländer gehört der Silurformation an, aus grauem, sehr zähem, etwas kristallinischem Kalk bestehend, wie er auf der Insel Gotland zu Hause ist, gelegentlich außerordentlich reich an Versteinerungen. Weiter die zahlreichen Feuersteine, die meist aus Kreideschichten, wie sie die Rügener Schreibkreide usw. darstellt, herauspräpariert sind. Die sie einhüllende lockere Schlämmkreide, der jüngsten Kreideformation angehörend, ist vom Eise meist zerstört, und die Feuersteine sind als Härtlinge für sich abgelagert worden. Als weitere Härtlinge aus dieser Kreide sind noch häufig die bekannten Donnerkeile, Hartteile von tintenfischähnlichen Tieren der jüngsten Kreidezeit, die jeder kennt, der die Rügensche Schreibkreide besucht hat.

Nachdem man erkannt hatte, daß die meisten dieser Geschiebe von Norden gekommen waren, fragte es sich, wie diese Geschiebe zu uns gekommen sind, da sie von Norden her unmöglich vom Wasser allein hergebracht sein können; so kam man bereits früh darauf, das Eis als Transportmittel dafür in Anspruch zu nehmen. Man stellte sich vor, daß sie in Eisberge eingeschlossen über das Ostseebecken herübergeschwommen und bei uns abgesetzt worden seien. Diese sog. „Drift-Theorie“ befriedigte aber keineswegs auf die Dauer und wurde seit dem Jahre 1875 durch die Inlandeistheorie ersetzt. In diesem Jahre wies der schwedische Geologe Otto Torell auf der Oberfläche des Rüdersdorfer Kalks bei Berlin Gletscherschrammen nach; und später fand man in dem Rüdersdorfer Kalk

Ausstrudelungstrichter, wie sie unter dem Namen Gletschertöpfe in den ehemals vergletscherten Gebirgen Skandinaviens und Mitteleuropas als Spuren der Gletscherschmelzwässer den Gletschergeologen wohlbekannt waren. Diese Inlandeistheorie besagt, daß das ganze norddeutsche Flachland zur Eiszeit mit einer gewaltigen zusammenhängenden Eisdecke überzogen war, die auch das heutige Ostseebecken erfüllte und mit den skandinavischen Eismassen in Verbindung stand, die zugleich als Vereisungszentrum, als Ausgangspunkt unseres heimischen Eismantels anzusehen sind.

Unter Gletscher versteht man nun einen Eisstrom, der, auf einer mehr oder weniger geneigten Unterlage ruhend, ständig weiter fließt und durch die atmosphärischen Niederschläge ständig Zuwachs erhält (Firn der Alpen). Beim Hingleiten über festes Gestein wird dieses zerkleinert, z. T. zu größeren bis kleineren Stücken, z. T. zu Pulver zerrieben. Die Stücke und auch die feinen Bestandteile nimmt das Eis mit sich fort, und beim Weitertransport werden sie oft abgeschliffen, ebenso wie die Unterlage, die auf diese Weise leicht Schrammen — Gletscherschrammen — erhält. Beim Abschmelzen des Eises werden der Gesteinsschutt im Eise und die Blöcke abgelagert. Diese Ablagerungen nennt man Moränen. Die Moräne, die am Grunde des Gletschers sich bildet, heißt Grundmoräne; die Grundmoräne unseres Inlandgletschers ist der erwähnte Geschiebelehm. Eine andere Art der Moräne, die Endmoräne, werden wir bei der Exkursion nach Freienwalde kennenlernen. Im Gebirge mit steilen festen Seitenwänden der Täler bilden sich außerdem noch die Seitenmoränen.

Die Oberfläche des Geschiebemergels oder der Grundmoräne ist mehr oder weniger unruhig; sie stellt ein sanft bis stärker welliges oder hügeliges Gelände dar („bucklige Welt"), in dessen Senken sich oft zahlreiche kleine runde Teiche oder Pfühle, die Sölle, finden, eine für diese

Grundmoränenlandschaft recht charakteristische Erscheinung. Solche Sölle hat man auch unmittelbar bei Berlin, z. B. in den Rauhen Bergen bei Mariendorf, Weißensee (Der Weiße See) usw.

Aus dem Geschiebemergel sind die meisten der diluvialen und alluvialen Bodenarten hervorgegangen; die Veränderungen, die die Grundmoräne erlitten hat, indem z. B. an einer Stelle viele Gesteinsblöcke, an anderer Kies, an noch anderer Sand oder feinerer Ton aus der Grundmoräne abgelagert wurde, gehen auf die gewaltigen bei der Abschmelzung des Inlandeises freiwerdenden Wassermassen und auch noch auf spätere Umlagerungen zurück, deren Wirkungen im Verein mit der Wirkung des Eises selbst das heutige Bild Norddeutschlands erzeugt haben. Von der Großartigkeit dieser Wassermengen werden wir bei verschiedenen Exkursionen einen Begriff bekommen; für heute begnügen wir uns mit dem, was wir im weiteren Verlauf der Exkursion sehen werden.

Bevor wir weitergehen, werfen wir noch einen Blick auf die allerdings der Jahreszeit entsprechend noch sehr rückständige Pflanzenwelt an unserem Teich. Der lehmige Tonboden bringt es mit sich, daß sich hier in großer Menge eine Pflanze angesiedelt hat, die kalkig-lehmigen Boden, besonders in frischen Anschnitten bevorzugt, der Huflattich (*Tussilago farfara*, Korbblütler oder Komposite), dessen gelbe Blütenkörbchen wir leicht und meist in Menge auf dem Lehm entdecken können. Er ist einer der ersten Frühlingsblüher, seine Blätter erscheinen aber erst später (Abb. 10) und bedecken dann oft die eingenommenen Flächen mit einem flachen dichten grünen Teppich, was wir auf der Freienwalder Exkursion in der Tongrube wahrnehmen werden. Wir gehen nun zu unserem ersten Wege zurück und verfolgen diesen weiter, der in die Siedlung Rollberge einbiegt (später Hermsdorfer Weg genannt) in Richtung auf das Dorf Lübars zu. Die Hänge der Grundmoräne sind jetzt besiedelt, und die Verhältnisse daher gegen früher stark verändert. Man findet aber auf der rechten Seite zwischen den Koloniehäuschen auffallenderweise eine quellige Stelle ausgespart, die wegen ihrer Moorigkeit und Quelligkeit nicht bebaubar ist. Wir gehen hier den Hang etwas hinauf und bemerken, daß der Hang hier mehr oder weniger deutlich vermoort und vertorft ist. Es hat sich ein sog. Gehängemoor gebildet, ein kleines Moor mit Torf, das sich an derartigen Quellenaustritten an flachen Hängen häufiger bildet und sich von den gewöhnlichen Mooren durch seine Schrägstellung unterscheidet. Bei aufmerksamem Zusehen bemerkt man hier die wegen der freien Lage meist z. T. schon blühenden weißen Anemonen (*Anemone nemorosa*). Diese Anemonen oder Buschwindröschen sind durchaus typische Laubwaldpflanzen (S. 15). Ihr Auftreten hier in einem ihnen vollständig fremden Gelände weist darauf hin, daß die Hänge früher mehr oder weniger von Laubwald bedeckt gewesen sind, der aber von der Kultur beseitigt worden ist. Zum Acker war diese Stelle wegen der Nässe nicht zu brauchen und ebenso später nicht zur Bebauung, und so haben sich auf dem jetzigen Wiesenstück trotz aller Veränderungen der Umgebung noch Überreste der einstigen Bodenflora dieses Waldes erhalten, die auch durch die Wiesenmahd nicht gefährdet waren, da ihre Blüte- und Vegetationszeit bei der ersten Mähzeit schon vorüber ist. So haben wir hier einen Pseudo- oder Scheinpflanzenverein vor uns, und die vorhandenen Verhältnisse enthüllen dem, der im Buch der Natur zu lesen gewöhnt ist, ein Stück Geschichte der Gegend. Es sind auch noch andere Reste der einstigen Waldflora zu finden. Wir folgen der Landstraße weiter (Hermsdorfer Weg) und sehen hinter der Siedlung bald das Dorf Lübars liegen.

Schon vor dem Dorfe, im Dorfe selbst und wieder hinter dem Dorfe fällt uns in dem Gelände die Hügeligkeit, Kupiertheit des Geländes auf, die hier in zweierlei sich gegenseitig verstärkenden Ursachen begründet ist. Einmal ist die Grundmoränen-Geschiebemergel-Landschaft an sich oft und auch hier etwas kupiert, andererseits wirkt in demselben Sinne die Talbildung. Kurz vor dem Dorf hat man einen schönen Übersichtsblick über das Tal. Das eigentliche Fließ, der Bach, ist eine tiefe schmale Rinne, die beiderseits von breiten Wiesenstreifen begleitet wird, zwischen denen eingestreut sich einzelne Stellen mit Bruchwald, Erlenbrüchern, finden[1].

Bei genauerem Zusehen bemerken wir im Talboden, besonders hinter dem Dorfe Lübars Torfstiche, die uns verraten, daß der Talgrund zunächst durch Torfboden gebildet wird. Hinter dem Dorf Lübars senkt sich der Weg fast bis auf den Talgrund, dessen Ebenheit als Talgrund im Verhältnis zu den Ufern dort besonders auffällig ist. Der Torf ist entstanden aus den Resten der Pflanzen, die vom Ufer her in das Wasser eindringend, ihre Reste auf dem damaligen Talgrunde aufhäuften. Jahrtausend auf Jahrtausend erzeugten Generationen der Sumpf- und Wasserpflanzen nacheinander neues Pflanzenmaterial, das die gebildeten Torfmengen verstärkte, und schließlich war der größte Teil des Wasserspiegels verschwunden. Nur kleinere Wasserstellen und der schmale heutige Bach, der vielleicht auch nur durch Zutun des Menschen offen gehalten ist, geben noch Kunde von den Wassermengen, die

---

[1] Bruchwald, z. B. Erlenbruch, ist ein auf Torfuntergrund stehender und selbst Torf erzeugender Wald. Der Name „Bruch" bezieht sich auf die Brüchigkeit, d. h. schwierige Begehbarkeit (man bricht ein), also nasse und sumpfige Beschaffenheit des Geländes. Auf den Landkarten sind die Bruchwälder und Laubwälder — soweit sie als solche von Nadelwald unterschieden sind — gleich signiert, im botanischen Sinne sind sie etwas Verschiedenes, obwohl beide Formationen besonders in der Unterflora bei trokkenen Verhältnissen der Brücher manche Anklänge aufweisen. Der herrschende Baum des Laubwaldes, die Buche, verirrt sich so gut wie nie in einen Bruchwald, umgekehrt hat die Erle, der herrschende Bruchwaldbaum, bei uns im Laubwald im botanischen Sinne nichts zu suchen.

einst das Tal erfüllten. Das geringe Gefälle dieses, wie vieler anderer Gewässer unserer Gegenden, brachte es mit sich, daß der breite Fluß, der hier früher floß und das Tal erfüllte, praktisch schließlich ein „stiller See" war, der das Aufkommen und die Weiterentwicklung einer ausgiebigen Verlandungsvegetation begünstigte. Über diese Verlandungsvegetation, bei der eine Wasserfläche mit der Zeit zu festem Land wird, werden wir auf Exkursion Nr. 3 näheres erfahren.

Bei dieser Verlandung pflegt sich die Vegetationsfläche, sobald sie tragfähig ist, mit Bäumen zu besiedeln, und zwar bei uns regelmäßig mit der die Nässe liebenden, geselligen Erle (Schwarzerle, *Alnus glutinosa*), und schließlich bedeckt sich das ganze Moor mit Bruchwald. Ein Moor ist ein Gelände, auf dem Torf in größerer Menge vorhanden ist. Torf ist also das Bodenmaterial eines Moores, während die Mediziner vielfach Moor statt Torf gebrauchen („Moorbäder").

Aus dem Zustande unseres Talmoores sehen wir danach, daß der Zustand des Moores durch fremde Eingriffe verändert sein muß. Die fremden Eingriffe gehen auf Rechnung des Menschen. Er hat die Erlen ausgerodet, um das Terrain zur Wiesennutzung zu gewinnen, und hat nun durch die jährliche Mahd das Aufkommen jeglichen Baumwuchses verhindert, der sich beim Nachlassen der Mahd in wenigen Jahren wieder bemerkbar machen würde. Die wenigen Bruchwaldstellen, die den Kunstwiesen des Tals untergemischt sind, sind meist sicher nur darum stehen geblieben, weil der Untergrund an den betreffenden Stellen zu sumpfig war. Es ist hier also gewissermaßen ähnlich wie bei unserem Anemonenstandpunkt vor Lübars, wo die natürlichen Verhältnisse eine Nutzung des Flecks als Acker verboten.

Die Mahd, die also für die Entstehung der Wiesen Vorbedingung ist, wird fast immer durch den Menschen besorgt. Nur in manchen Fällen sorgt die Natur selbst für regelmäßige Mahd, besonders in großen Flußtälern (Weichsel usw.), wo Hochwasser und Eisgang zu den regelmäßigen Erscheinungen gehören. Die flachen Striche an den Ufern werden durch den Eisgang als natürlichen Mäher und auch durch das häufige Hochwasser im Zustande der Wiesen erhalten, da Baumwuchs dann nicht aufkommen kann. Bei unserem Tal kommen diese Einwirkungen natürlich nicht in Frage. Man versteht nun auch, wenn man sich auch nur all die Wiesenmoore, die menschlichen Eingriffen ihre Entstehung verdanken, in das Bruchwaldstadium zurückverwandelt denkt, was für ungeheure Strekken früher in Norddeutschland von Bruchwäldern bedeckt gewesen sein müssen. Das waren wohl z. T. die Sumpfwälder, die den Römern das Eindringen in Germanien erschwerten. Schon die Besetzung unseres jetzigen Wiesenmoores mit Bruchwald gäbe ein sehr anständiges Erlenbruch. Welche ungeheuren Flächen müssen diese aber in den großen Stromtälern im Oderbruch, Warthebruch, Rhinluch bedeckt haben, wo davon fast nichts mehr zu bemerken ist.

Noch einer weiteren Erscheinung, die mit der ehemals vollständigen Erfüllung des Talbeckens mit Wassermassen zusammenhängt, können wir hier noch bedenken. Im Sommer bemerkt man meist schon an der verschiedenen Üppigkeit, daß der Boden von der Höhe der Hügel nach unten an Güte stark abnimmt. Jetzt im Frühjahr läßt sich die Qualität des Bodens selbst am besten beobachten. An der tiefen Senke des Weges hinter dem Dorfe Lübars, an der wir noch stehen, zeigt sich der Boden auffallend locker-sandig, während wir weiter oben auf der Höhe Lehmboden bemerkten. Die Unterschiede rühren daher, daß die Talwassermassen die feineren Bestandteile der Grundmoräne und meist auch großenteils den für die Bodengüte wichtigen Kalkgehalt ausgewaschen und mit sich fortgeführt haben, die gröberen Bestandteile in Gestalt von Sand und Kies zurücklassend. Die Höhe der das Tal einsäumenden Hügel hat das Wasser nicht erreicht, weshalb der Boden hier echte lehmige Grundmoräne geblieben ist. Allerdings ist auch von seinem Kalkgehalt ein gutes Teil im Laufe der Zeit durch die atmosphärischen Wässer ausgelaugt worden, aber nicht in dem Maße, wie in dem tieferliegenden Talsand, wie man diesen, die Diluvialtäler an ihren Ufern begleitenden Sand nennt. Es ist nun natürlich auch möglich und in den meisten Fällen auch der Fall gewesen, daß der Sand ebenfalls vom Wasser eine mehr oder minder große Strecke transportiert worden ist. Das hat aber dasselbe Resultat zur Folge, indem dann die feineren Bestandteile vom Wasser viel weiter mit fortgenommen und anderswo abgelagert worden sind, z. T. von den Strömen ins Meer transportiert wurden (Schlickbildungen). Je feiner das Korn eines Bodenbestandteils ist, desto weiter kann es transportiert werden. Die gröbsten kommen nicht weit, etwas weiter der Kies, noch weiter der Sand und am weitesten der Ton. Es kommt so eine wirkliche „Aufbereitung", wie es die Erzbergleute nennen, zustande, und der Sand wird oft in großer Reinheit am Rande der Täler abgelagert. Die Versandung der Täler, wozu noch die Bedeckung größerer Strecken von Hochflächen mit Sand und Kies kommt (Rixdorf, Grunewald) hat uns zum großen Teil die vielen Sandmassen beschert, mit denen speziell die Umgegend von Berlin gesegnet ist, und dies um so mehr, als Berlin selbst in einem der großen eiszeitlichen, jetzt von den Hauptströmen verlassenen Urstromtäler liegt. Ein großer Teil der Eisenbahnstrecken, die auf Berlin zugehen, liegt in diesen Urstromtälern und bietet daher dem Zureisenden das Landschaftsbild in besonders sandiger Form, obgleich die Hochflächen genug Lehm und Grundmoräne bieten.

Man kann nun die Exkursion, deren weiteres Gelände leider durch Schutthaufen und Siedlungsbestrebungen gestört wird, weiter ostwärts fortsetzen in Richtung auf das bereits sichtbare Dorf Schildow. Man überschreitet die Liebenwalder Kleinbahn („Heidekrautbahn") und kommt bald auf die Berlin—Blankenfelder Chaussee. Von hier kann man mit dem Omnibus über Niederschönhausen und Pankow in die Stadt fahren (an der Endhaltestelle des Omnibusses Schildow—Vinetastraße beginnt die Untergrundbahn).

2. Exkursion: Brieselang.

Zeit: ca. Anfang bis Mitte Mai.

Die Brieselang-Exkursion hat den Zweck, uns mit den Verhältnissen der Laubwaldflora bekanntzumachen und einige ihrer Charakterpflanzen kennenzulernen. Der Laubwald, als dessen echtesten Vertreter wir bei uns den Buchenwald ansehen müssen, während ein aus verschiedenen Laubgehölzen gemischter Laubwald seltener ist, nimmt in der Nähe von Berlin nur verhältnismäßig wenig Areal ein; die wenigen Stellen verschwinden gegenüber den massenhaft vorhandenen Kiefernwäldern. Der Grund hierfür liegt in der Beschaffenheit des Bodens. Der Laubwald, insbesondere die Buche, beansprucht zu seiner günstigen Entwicklung im allgemeinen schweren Boden, wie er im norddeutschen Flachlande besonders durch den kalkhaltigen Geschiebemergel repräsentiert wird. Es gibt jedoch auch Buchenbestände auf kalkarmem Boden, was auch im Bredower Forst, der zum Brieselang gehört, sich bewahrheitet. Die Buche liebt aber vor allen Dingen einen gewissen Feuchtigkeitsgehalt der Luft, wie ihn z. B. die Seeluft bietet, daher die prachtvollen Buchenwälder längs der Ostseeküste, in Mecklenburg, Pommern, Rügen usw. Die Buche erreicht in Ostpreußen ihre Ostgrenze und fehlt im östlichen Teil der Provinz bereits. Daß Buchenwälder auf sozusagen kalkfreiem, also reinem Kieselboden wachsen, lehren die Verhältnisse Westdeutschlands (Bückeburg, Westfalen, Rheinland), wo als Unterholz darin die streng kieselliebende Stechpalme (*Ilex aquifolium*) wächst; in diesen Wäldern ist aber die echte Laubwaldflora nur dürftig entwickelt.

Die bekanntesten Laubwaldstellen unserer näheren Umgebung enthält das Waldgebiet in der Nähe der Station Finkenkrug, der Brieselang, Bredower Forst usw., der auch den Zoologen, besonders dem Entomologen wegen seiner reichen Tierwelt wohl bekannt ist. Andere Laubwaldkomplexe — meist in den herrschenden Kiefernwald eingestreut — enthalten die nördlichen Forsten, wie z. B. der riesige Bernauer Stadtforst, die Schönwalder Forsten, auch der Tegeler Forst in z. T. schönen Beständen. Wir suchen für unsere Zwecke heute Teile des Brieselang auf und überlassen es den Benutzern des Buches, andere Stellen mit ähnlichen Verhältnissen auf die Gleichartigkeit der Pflanzenwelt zu prüfen. Wir fahren vom Lehrter Bahnhof zur Station Brieselang (55 Pf.).

Von dem Bahnhof wenden wir uns rechts und gehen die Hauptstraße durch die Kolonie Brieselang (an einem Graben entlang, der oft eine reiche Vegetation von Schachtelhalmen (*Equisetum limosum*) führt, die jetzt vielleicht gerade aus dem Wasser herauskommen). Es geht zunächst immer geradeaus bis etwa zum Ende der Kolonie, wo die Hauptstraße links schwenkt. Hier wenden wir uns rechts und gehen zwischen Gartenzäunen hindurch bis zum Waldrand, wo wir einen Fahrweg finden, der parallel dem Waldrand läuft. Diesen überschreiten wir und gehen den kleinen vergrasten Fußweg, der etwas links nordöstlich in den Wald schwenkt. Dieser führt uns sofort in ein Gebiet mit reicher Laubwaldflora, obwohl die Buche, der eigentliche Laubwaldbaum, hier keine Rolle spielt, sondern die höheren Bäume meist Eichen, Hainbuchen und Birken sind. Es ist aber sehr viel mannigfaltiges Unterholz vorhanden, das meist aus Hainbuchen, Ebereschen, Ahornarten, Hartriegel, Linde und insbesondere aus Haselsträuchern besteht, die im Brieselang überhaupt häufig sind. Wir interessieren uns zunächst für die Boden- oder Unterflora des Laubwalds, die hier recht gut entwickelt ist und deren Lebensbedingungen wir näher kennenlernen wollen. Jedem Naturfreund ist es wohl bekannt, daß die weißen Anemonen, der Sauerklee (*Oxalis acetosella*) und andere Pflanzen des Waldes bereits in voller Blüte stehen, während das Gros der sonstigen Flora noch weit zurück ist. Das hat seine einfache Ursache. Der Schatten, den die Laubbäume, besonders die Buchen, abgeben, wenn ihr Laub voll entwickelt ist, bringt es mit sich, daß die Pflanzen des Laubwaldes zum großen Teil ihre Vegetationsperiode in das Frühjahr verlegen, wo die Bäume noch unbelaubt oder spärlicher belaubt sind und also das noch reichlich durchfallende Licht der Bodenflora zum großen Teil zugute kommt, während es nachher durch das Laubdach der Bäume abgesperrt oder stark geschwächt wird. Die Bodenflora des Laubwaldes ist außerordentlich typisch und am besten entwickelt, wenn der Wald reichlich Laubunterholz enthält wie hier, dessen Vorhandensein zugleich günstigere Lichtverhältnisse andeutet, da es ja selbst wieder im Schatten höherer Bäume wächst. Wie vorn schon angedeutet, setzt sich das Unterholz aus sehr verschiedenen Bäumen zusammen; die Haselnuß, Ahorn und Hainbuche dürften den meisten bekannt sein, letztere auch an den starkgeaderten Blättern

Abb. 1. *a*: Lungenkraut (*Pulmonaria officinalis*) blau; *b*: und *c*: Hainbuche (*Carpinus betulus*), Blatt und Frucht.

und den meist noch vom vorigen Jahr auf dem Boden bemerkbaren Früchten (Abb. 1) leicht kenntlich, ebenso die Eberesche oder Vogelbeere (*Sorbus aucuparia*) mit ihren fiedrigen, zuerst silbrig behaarten Blättern, die von den beerenfressenden Vögeln hier überall im Walde verbreitet wird, und der Hartriegel (*Cornus sanguinea*), dessen weiße Blütendolden sich kaum vor Ende Mai entfalten. Er hat gegenständige ungezähnte, ebenfalls starkadrige Blätter und ist im Winter an der starken Rotfärbung seiner Schößlinge schon von weitem kenntlich (Abb. 2 e). Im hochstämmigen Buchenwald ist die Bodenflora und das Unterholz um so dürftiger, je dichter die Baumkronen stehen; auch behindert die starke Laubschüttung ihr Aufkommen.

Abb. 2. **a**: Schattenblume (*Majanthemum bifolium*), weiß; **b**—**d**: Ahornblattformen: **b**. Traubenahorn (*Acer pseudoplatanus*), **c**. Feldahorn (*Acer campestre*), **d**. Spitzahorn (*Acer platanoides*). **e**. Blatt des Hartriegels (*Cornus sanguinea*).

Wir gehen diesen Weg zunächst weiter und bemerken mit Leichtigkeit die in Menge vorhandenen Charakterpflanzen der Laubwaldflora. Zunächst ist da das Buschwindröschen oder weiße Anemone (*Anemone nemorosa*), z. T. auch mit rosa Kronenblättern, ferner, wenn auch um diese Zeit wohl meist schon verblüht, das blaue Leberblümchen (*Anemone hepatica*), deren dreilappige Blätter überall sichtbar sind. Eine andere blau blühende Pflanze, überall eingestreut, ist das Lungenkraut (*Pulmonaria officinalis*), mit röhrigen, zuerst roten dann blau werdenden Blüten und rauhen, oft etwas bräunlich gescheckten Blättern (Abb. 1a). Die Blüte erinnert etwa an die der Ochsenzunge. Viele blau blühende Pflanzen, z. B. auch Vergißmeinnicht, bringen die Blüten zuerst rot und färben sie in blau um, sobald die Insektenbefruchtung stattgefunden hat. Sehr häufig ist hier auch, vielfach nicht blühend, die vierblättrige Einbeere, ein etwas abnorm aussehendes Gewächs aus der Lilien-Familie, mit ebenfalls vierzähliger Blüte, während sonst die Lilien-Gewächse sechszählige Blüten zeigen, wie alle einkeimblättrigen Pflanzen. Die Einbeere ist auch giftig; die einzige Blüte hat einen dunkeln glänzenden Fruchtknoten, der angeblich durch seinen Glanz den Insekten Honigbesitz vortäuschen soll. Nicht zu verfehlen ist hier eine andere kleine Liliacee, die Schattenblume, mit einem einzigen längsadrigen eiförmigen Blatt, blühende Stengel dagegen mit zwei Blättern (*Majanthemum bifolium*; Abb. 2a). Auch diese hat abnormerweise meist vierzählige, allerdings sehr kleine Blüten. In reichlicher Menge findet sich hier auch die gelbe Taubnessel (*Lamium galeobdolon*), ein Lippenblütler, dessen Blätter häufig auch weißlich gescheckt sind. Sternförmige weiße Blüten zeigt hier ein Gewächs aus der Nelken-Familie, vor Mai kaum blühend, eine Sternmierenart (*Stellaria holostea*), die nicht zu den Erstblühern des Laubwaldes gehört. Die Zeit, die wir für unseren Besuch gewählt haben, wird uns meist ermöglichen, die Erstblüher des Laubwaldes (Leberblümchen, Lungenkraut) noch und die späteren schon blühend zu sehen. Es empfiehlt sich, auch links und rechts vom Wege etwas in den Wald zu gehen. Man bemerkt auch leicht das in Gebüschen häufige Scharbockskraut (*Ranunculus ficaria*), mit glänzenden rundlichen Blättern und gelber, etwa leberblümchenartiger Blüte. Trifft man kleine Senken, so erkennt man an der Vegetation, wie außerordentlich hoch hier das Grundwasser stehen muß; es machen sich z. B. die Blätter der gelben Schwertlilie hier bereits bemerkbar, einer echten Sumpfpflanze. Der Wald hier ist mehr als „Bruchwald" (S. 7) denn als reiner Laubwald zu bezeichnen; da aber die Vegetationsverhältnisse dieser beiden Pflanzenvereine sich oft sehr nahe stehen, zeigt besonders die Unterflora hier durchaus Laubwaldcharakter. Zahlreich findet sich hier auch die von feuchten Waldstellen allbekannte Himbeere (*Rubus Idaea*). Beim genaueren Zusehen bemerkt man hier am Fuße der Haselsträucher usw. eine eigentümliche bleiche, etwas bläuliche Pflanze ohne jeden grünen Farbstoff, mit dicht schuppig zusammenstehenden Blüten und Blättern: es ist die Schuppenwurz (*Lathraea squamaria*). Der Mangel des grünen Farbstoffes läßt uns sofort schließen, daß hier eine Schmarotzerpflanze vorliegt, und in der Tat schmarotzt sie auf den Wurzeln der Bäume. Von den Pilzen ist ja besonders bekannt, daß sie keinen grünen Farbstoff hervorbringen und ihn nicht benötigen, da sie alle ihre Aufbaustoffe von ihrem Wirt beziehen. Es gibt allerdings auch grüne Schmarotzer wie die Mistel, den bekannten Schmarotzer der Bäume, und ebenfalls grüne sog. Halbschmarotzer: dazu gehört z. B. eine Anzahl von Bodenpflanzen, wie Klappertopf, Wiesenwachtelweizen, denen man ihr Schmarotzertum zunächst nicht ansieht. Die Schuppenwurz gehört in die Familie der Maskenblütler oder Scrophulariaceen, zu denen z. B. auch die als Zimmerpflanze bekannte Pantoffelblume (*Calceolaria*), unsere Braunwurz, Löwenmaul usw. gehören, mit meist sehr unregelmäßigen Blüten. Auf etwas trockeneren, höheren und lichteren Stellen macht sich das Maiglöckchen (*Convallaria majalis*) bemerkbar, jetzt höchstens erst in Knospen sichtbar, wie die sechszähligen Blüten zeigen, mit den Liliengewächsen nahe verwandt. Es folgt eine lichte Waldstelle ohne Unterholz. Wir durchschreiten diese und kommen wieder in niedriges Holz. Hier macht sich eine andere schöne Laubwaldpflanze bemerkbar: die Frühlingsplatterbse (*Lathyrus vernus*), ein Schmetterlingsblütler, also mit erbsen- oder wickenähnlichen Blüten von schönblauer Farbe und gefiederten Blättern, dessen Blüten sehr deutlich den vorn bereits erwähnten Farbwechsel von Rot nach Blau zeigen. Man wird bei genauerer Betrachtung noch manch andere Laubwaldpflanze hier finden; die beobachtete Pflanzengenossenschaft, der Pflanzenverein, tritt aber durch die genannten Arten bereits aufs klarste in die Erscheinung.

Beim Weitergehen wird der Wald wieder licht und zeigt viel Adlerfarn. Wir erreichen einen Gestellweg, dem wir links folgen (Gestellkreuzung Jagen 51/50). Der Weg führt durch Fichten. Ein Teil dieser Fichten ist fast bis unten hin belaubt, ein Zeichen dafür, daß sie immer genügend ringsum frei und licht gestanden haben. Wo mehrere Fichten zusammenstehen, haben sie durch Lichtmangel unten ihre Nadeln verloren und allmählich fallen auch ihre Äste ab. Die Eigentümlichkeit der Nadelbäume und der Bäume überhaupt benutzt ja der Forstmann, um durch entsprechend dichte Stellung das Werfen der unteren Äste und schlanke Stammformen bei den Bäumen zu erzielen. Nach einigen Schritten treffen wir einen größeren Weg (Falkenhagener Luchweg, Jagenstein 57/56), den wir rechts verfolgen.

Im Walde rechts und links zeigt sich weiter Laubwaldflora verschiedener Art, u. a. die uns bereits bekannte Schattenblume (*Majanthemum*), an lichteren Stellen wieder das Maiglöckchen und häufig der durch seine dreiteiligen kleeartigen Blätter und zartweißen durchsichtig geaderten Blüten charakteristische Sauerklee (*Oxalis ace-*

tosella). Der saure Geschmack der Blätter beim Kauen rührt her von starkem Gehalt an Oxalsäure, die auch z.B. beim Sauerampfer und anderen Pflanzenfamilien sauren Geschmack verursachen. Nicht selten zeigt sich ein Waldveilchen (*Viola silvatica*). Am Wege links und auch sonst an den Gräben bemerken wir öfters eine wilde Johannisbeere (*Ribes nigrum*), die Fuchs- oder Ahlbeere, deren Blätter sich durch einen „würzigen“ Geruch auszeichnen und ihr den Namen „Fuchsbeere“ eingetragen haben. Außerdem sind an diesem Wege zahlreich blühende Weiden zu bemerken, meist Salweiden (*Salix caprea*). Wir bemerken, daß der eine Strauch nur männliche, der andere nur weibliche Blüten trägt. Die männlichen fallen durch ihre gelbe Farbe auf. Im Gegensatz zu den sonstigen Kätzchenblütlern sind die Weiden insektenblütig, und bei schönem Wetter sehen wir Bienen und Hummeln von ihrem Honig naschen. Die männlichen Blüten duften angenehm honigartig, und sowohl die gelbe Farbe der Kätzchen, die im Frühjahr, wo erst wenig Pflanzen blühen, die Kätzchen sehr auffällig macht, als auch der Duft locken die Insekten an. Die Gräben links und rechts führen dunkelgefärbtes „Schwarzwasser“. Die dunkle Farbe rührt von gelösten Humusverbindungen her, die diese Wasser ebenso wie solche, die in Torfbrüchen durch Ausstechen des Torfes entstehen, zeigen. Durch Zusatz von Salzsäure oder Alkalien, besonders Kalkwasser, kann man die Humusverbindungen ausfällen. In tropischen Gegenden und auch bei uns führen manche Flüsse ihren Namen nach dieser dunklen Farbe, wie z. B. die Schwärze bei Eberswalde, soundso viele Schwarzwasser genannten Bäche, in Brasilien der Rio Negro usw. Das Wasser dieser Flüsse ist durch die Humuslösungen zugleich desinfiziert und antiseptisch, was den Naturvölkern bekannt ist. Treten derartige Flüsse in Gebiete mit Kalkboden ein, so werden die Humusverbindungen ausgefällt, und meist sind derartige Wässer reich an Krankheitskeimen. Durch Eichenhochwald führt der Weg weiter bis zum Alten Finkenkrug. An der Chausseekreuzung kurz davor wenden wir uns rechts, gehen am Alten Finkenkrug vorbei und den breiten Waldweg links vom Jagenstein 36/32, der rechts von der Chaussee in spitzem Winkel abgeht. Am Wege finden sich die jetzt noch ziemlich jungen Halme des tannenbaumförmigen Waldschachtelhalms (*Equisetum silvaticum*) mit dem sporentragenden Zäpfchen an der Spitze. Der Weg führt weiter durch Bestände mit Buchen, und wir können hier auch die aufgegangenen, durch zwei glänzende dicke runde Keimblätter ausgezeichneten Buchenkeimlinge zahlreich sehen. Solche Keimlinge sehen meist ganz anders aus wie die späteren Laubblätter, und man mag dies z.B. bei Linden- und Ahornkeimlingen beobachten, die sich durch die Gestalt der ersten Laubblätter verraten, die zwischen den ganz andersartigen Keimblättern emporsprießen. Von dem Besitz zweier Keimblätter heißen diese Pflanzengruppen Zweikeimblätter oder Dikotyledonen, im Gegensatz zu den Einkeimblättlern oder Monokotyledonen, zu denen die Gräser, Lilien, Palmen, Orchideen usw. gehören. Der Wald ist weiterhin trockener und zeigt Einmischung von Heidevegetation (Heidelbeere, Preißelbeere, auch wohl Heidekraut) unter den Kiefern, auf die wir aber später zu sprechen kommen.

Auffällig ist hier die zahlreiche Einmischung der Vogelbeere oder Eberesche, die sich hier ständig weiter verbreitet. Die Ursache davon liegt darin, daß die Vögel, besonders die größeren drosselartigen Vögel, ihre Beeren fressen und den Samen weithin verbreiten. Beim Weiterverfolgen des Weges zeigt sich das Gelände hügelig, während es vorher eben war. Die Hügligkeit beruht auf der Bildung von Damen. Das ganze Gelände besteht hier aus Talsand (S. 10), der in der Zeit nach der Vereisung hier abgelagert und an zahllosen Stellen der Mark zu kleinen oder größeren Dünen zusammengeblasen wurde, die aber längst durch Vegetation, Waldbestand befestigt sind. In größerer oder geringerer Nähe unseres Exkursionsweges befinden sich sehr auffällige derartige Dünenbildungen überall, z. B. in der Falkenhagener Heide, im Spandauer Stadtforst, weiter nach Westen usw.

Wir kommen schließlich, dem Wegweiser Station Finkenkrug folgend, die Hindenburgallee entlang zum Bahnhof Finkenkrug.

Es sei hier zum Schluß noch auf den „Naturpfad" aufmerksam gemacht, den das „Museum für Naturkunde" vor einer Reihe von Jahren nach amerikanischem Muster im Bredower Forst anlegen ließ. Man erreicht ihn, wenn man sich, am Bahnhof Finkenkrug ankommend, links wendet und dann hinter den Gasthäusern bald wieder links an dem Rande des hügeligen Kiefernwaldes entlang geht. Nach kurzer Zeit Wegegabelung; nicht links am Waldrand entlang, sondern in den Wald hinein (Laubwaldflora!). Bald kreuzt man beim Bahnwärterhaus die Geleise der Hamburger Bahn. Über diese geradeaus weiter sieht man nach kurzer Zeit links den bezeichneten „Naturpfad", dem man eine Stunde lang folgen kann. Er macht durch Schilder auf verschiedene Bäume und Sträucher und auch auf einiges die Tierwelt betreffende aufmerksam.

Geht man den vorhin erwähnten Weg, von dem der Naturpfad links abgeht, geradeaus weiter, so kommt man nach ca. 10—15 Minuten in einen prachtvollen, reinen Buchenbestand, der allerdings ziemlich dicht ist, aber doch eine recht vielfältige Unterflora führt, die aber lange nicht so schön wie die von uns bei „Brieselang" besichtigte ist.

3. Exkursion: Grunewald.

Zeit: Mitte Juni.

Die heutige Exkursion hat in erster Linie den Zweck, uns mit einigen Verhältnissen der Moorbildung bekanntzumachen, und zwar an Hand der kleinen Moore in der Seenrinne des Grunewaldes. Wenn auch die betreffenden Moorbildungen bei ihrer geringen Ausdehnung nur ein unvollkommenes modellhaftes Bild der gewaltigen Verhältnisse abgeben können, die bei den großen, oft viele Quadratkilometer bedeckenden Mooren in die Erscheinung treten, so läßt sich doch das Wichtigste an ihnen zeigen, und bei der Nähe der sich immer mehr ausdehnenden Großstadt, die schon so manches naturwissenschaftlich interessante Fleckchen in ihrem Häusermeer aufgesogen hat, ist die Erhaltung dieser Moorflecke doppelt wünschenswert. Das Moor zwischen dem Hundekehlensee und Grunewaldsee ist seit längerer Zeit Naturschutzgebiet; es scheint durch einen projektierten und im Sommer 1934 schon abgesteckten randlichen Kanal neuerdings gefährdet. Wir werden dieses weniger benutzen als das Moor westlich von Paulsborn.

Die Seenkette, die sich vom (Lietzensee), Halensee, Königssee, Dianasee über den Hundekehlensee, Grunewaldsee, Rienmeistersee (jetzt total verwachsen), Schlachtensee, Nikolassee bis zu ihrer Einmündung in den Wannsee erstreckt, ist heute nur zum kleinen Teil offenes Wasser, vielmehr werden die einzelnen noch vorhandenen Wasserflächen durch große Strecken verlandeten (vermoorten) Geländes sowie stellenweise durch Sandbarren getrennt. Das trennende Moorgelände war natürlich ebenfalls früher von Wasser erfüllt und ist den Verlandungsvorgängen gewichen, die wir bereits nach einer früheren Exkursion kennen.

Während, wie ein Blick auf eine größere Karte lehrt, z.B. der Hundekehlen- mit dem Grunewaldsee und dieser mit der Krummen Lanke durch verlandete vertorfte Strecken mit einer kleinen Wasserrinne in der Mitte verbunden ist, fehlt eine solche direkte Verbindung z.B. zwischen der Krummen Lanke und dem Schlachtensee, auch zwischen Lietzen- und Halensee; diese Seen sind vielmehr durch „Sandbarren“ voneinander getrennt, in die man zwischen der Krummen Lanke und dem Schlachtensee die sog. Wolfsschlucht eingeschnitten hat. Nimmt man noch hinzu, daß die Tiefenverhältnisse in der Seenkette stark wechseln, indem die Seen meist eine stärkere Austiefung als die vertorften Strecken zeigen, so muß man als wahrscheinlich annehmen, daß die Rinne nicht durch einen gewöhnlichen langsam fließenden Wasserlauf ausgewaschen sein kann, sondern es muß eine unregelmäßige, gewisse Stellen stärker ausstrudelnde Wassererosion tätig gewesen sein, für deren Ursprung und Art man verschiedene Annahmen geltend gemacht hat. Nach WAHNSCHAFFE erklärt sich „die unregelmäßige Erosion des Bodens am besten durch fließendes Wasser unter dem Eise, wo es unter Druck ähnlich wie in einer geschlossenen Röhre fließt und bald mehr ablagernd, bald mehr erodierend auf den Untergrund wirken kann“. Hierzu sei bemerkt, daß die erodierende bzw. ablagernde Tätigkeit von Wässern unter dem Eise, die sog. Subglazialerosion, in der Diluvialgeologie eine Zeitlang eine besondere Rolle spielte. KEILHACK hat von dieser Annahme abgesehen und angenommen, daß ein Eisrand in der Richtung der Seenkette vorhanden gewesen ist; die aus ihm heraustretenden Wässer, an Menge und Wirkung an den einzelnen Stellen sehr verschieden, hätten davor die heutige Seenrinne ausgewaschen, die auf diese Weise ebenfalls Unregelmäßigkeiten in der Tiefe der einzelnen Seenbecken bekommen haben kann. Man sieht aus diesen Betrachtungen, welche Schwierigkeiten selbst ein auf den ersten Blick so einfach erscheinendes Phänomen wie die von den Berlinern mehr als genügend belaufene Seenkette im Grunewald dem Verständnis bieten kann.

Nach diesen Vorbemerkungen treten wir unsere Exkursion an. Wir fahren mit der Stadtbahn bis zur Station Grunewald und gehen auf der Südseite der Bahn an dieser entlang, den bekannten Weg zum Hundekehlensee und an diesem entlang bis zu seinem Ende. Der Weg ist allergrößtenteils mit Eschen bepflanzt (*Fraxinus excelsior*), deren längliche geflügelte Früchte um diese Zeit bereits am Baum hängen. Am Ende des Sees kommen wir auf die Chaussee und folgen dieser links am Restaurant Hundekehle entlang eine kurze Strecke. Rechts unter uns befindet sich eine Kunstwiese, die ursprünglich wie das dahinterliegende Moor ebenfalls Waldmoor war, aber durch die Grasnutzung in eine Wiese umgewandelt wurde. Am Ende des Zaunes rechts biegen wir rechts um und gehen von dem dort verlaufenden Fahrweg sofort rechts herunter auf den unteren Fußsteig. Beim Weitergehen können wir die zwei deutschen Arten der Birken beobachten, die gewöhnliche Hangebirke (*Betula alba*) und die Strauchbirke (*Betula pubescens*), die auch im späteren Alter aufrechte Zweige behält und in der Jugend mehr behaarte Blätter besitzt, woher der Name rührt. Wir folgen dem Zaun weiter, der das dahinterliegende Moor als Naturschutzgebiet abtrennt. In einiger Zeit dürfte der obenerwähnte Kanal zwischen dem Wege und dem Naturschutzgebiet liegen. Der neue Zaun hinter dem Kanal ist bereits fertig. Nach einigen hundert Metern befinden wir uns gegenüber der Oberförsterei auf der anderen Seite des Moores. Von dieser Stelle haben wir einen Einblick in das Moor, das schon mehr Hochmoorcharakter trägt und dessen Kiefern durch Niedrigkeit und krüppelhaften Wuchs (kurze Nadeln) gegenüber den Kiefern am Ufer auffallen. Die Oberfläche des Moors selbst zeigt ein auffallend fahles Grün, und an Pflanzen fallen aus der Ferne durch die wolligen weißen Samenhaare die Köpfe des Wollgrases (*Eriophorum vaginatum*) auf. Die vor uns liegende Randzone des Moors zeigt dagegen sattgrüne Vegetation; die Verschiedenheit rührt von den verschieden günstigen Nahrungsverhältnissen dieser beiden Zonen des Moores her. Wir halten uns bei diesem Moorteil, der, obwohl Naturschutzgebiet, in verschiedener Beziehung ein ziemlich jammervolles Aussehen angenommen hat, nicht weiter auf und gehen bis zum Ende des Moors, d.h. bis zum Anfang des Grunewaldsees. Kurz vor dem Ende des Moors sehen wir, daß das Kiefernmoor nach dem See zu in Laubwaldmoor übergeht, und zwar in Birken- und zuletzt in Erlenmoor. Treten wir an die Ostspitze des Sees selber, so haben wir dort einen guten Einblick in die Verlandungszone, die weiter in den See vordringt. Deutlich prägt sich die Röhrichtzone aus, bestehend aus Schilf (*Phragmites communis*), Rohrkolben (*Typha latifolia*), großen Süßgräsern wie *Glyceria aquatica* und Sauergräsern (*Carex*-Arten). Diese torfbildende Vegetation bildet hier eine tragfähige Decke, die sich bereits zu bewalden beginnt und mit höheren und niedrigeren Erlen bestanden ist. Vor der Schilfzone prägt sich deutlich die Zone der Schwimmpflanzen aus, vertreten durch die gelbe Seerose (*Nuphar luteum*) und weiterhin die weiße Seerose (*Nymphaea alba*), zwischen denen noch andere kleine Schwimmpflanzen vegetieren.

Zum Beobachten einiger weiterer Ufer- und Verlandungspflanzen begeben wir uns auf die Mitte des Dammes, der hier am Ende des Grunewaldsees auf die andere Seite des Moors führt. Als Unterflora der größeren Erlen im Wasser ist hier u.a. der Fieberklee (*Menyanthes trifoliata*) durch seine ziemlich großen dreiteiligen Blätter auffällig, die bis auf die Dreiteiligkeit nichts Kleeartiges an sich haben und auch mit dem Klee gar nicht verwandt sind, sondern zur Enzianfamilie gehören. Die Blüten dieser Pflanze (Juni) sind traubig gehäuft, weiß und außerordentlich fein zerschlitzt. Weiterhin ist nicht zu übersehen das Blutauge oder das Wasserfingerkraut mit handförmig geteilten Blättern und ziemlich großen dunkelroten Blüten (*Comarum palustre*), ferner durch seine großen langen Blätter unser größter Ampfer (*Rumex hydrolapathum*). Überall steht dazwischen der Sumpffarn (*Aspidium thelypteris*) und vielfach Schachtelhalme, meistens *Equisetum limosum*. Mehrere Weiden mischen sich ein, hinter denen man den Kiefernbestand des Hauptmoors sieht. Am Zaun am Ufer des Sees kann man kaum das Bittersüß übersehen mit violetten kartoffelblumenähnlichen Blüten. Es gehört auch zur selben Gattung wie unsere Kartoffel (*Solanum*), und der Name Bittersüß bildet den Artnamen, so daß die Pflanze vollständig *Solanum dulcamara* heißt (Abb. 6a). Im Herbst trägt sie rote Beeren, die ihrem Namen entsprechend schmecken; es ist die einzige bei uns wild vorkommende holzige Solanum-Art, die auch oft lianenartig im Röhricht und in Bruchwäldern zu bemerken ist. Wir setzen unseren Weg an der Südseite des Sees weiter fort, passieren das Jagdschloß Grunewald und kommen zur Försterei und Gasthaus Paulsborn. Wir machen hier rechtsum, lassen das Lokal links liegen und biegen hinter dem Lokal wieder linksum, gehen über die Chaussee, dann unten an dem Waldmoorrand entlang. In dem Waldmoor sind namentlich Kiefern (*Pinus silvestris*), Birken und Erlen (*Alnus glutinosa*) als höhere Bäume zu bemerken. Als Unterflora erwähnen wir die nicht nur deutlich sichtbare, sondern meist auch fühlbare große zweihäusige Nessel (*Urtica dioica*), die hier ähnlich wie der Hopfen zu Hause ist (nicht die kleine Brennessel) und die Himbeere (*Rubus idaea*); die am Wege selbst unmittelbar stehende Brombeervegetation hat mit der Moorvegetation nichts zu tun und ist nur ein Eindringling, wie an vielen Waldrändern. Nach ca 200 m treffen wir eine hohe Birke, rechts davon einen kahlen Hang. Vor der Birke führt ein kleiner Weg links hinein, der uns Gelegenheit gibt, die Moorvegetation genauer zu studieren. Bei einigermaßen feuchter Witterung ist das Moor naß, und besonders die wie Schwämme wirkenden Sphagnummoose bringen meist unweigerlich nasse Füße. Der vordere Teil des Moors, mit hohen Bäumen bestandenes Waldmoor, zeigt kräftige, saftig grüne Vegetation. Sehr bald werden die großen Bäume aber spärlich und machen kleineren, mehr krüppelhaften Birken und Kiefern Platz

Beim Hineingehen in das Moor erblickt man gleich rechts noch einige Sumpfpflanzen, von denen hier nur der Wassernabel erwähnt werden soll, ein kleines Doldengewächs, dessen Döldchen meist unsichtbar sind, dessen rundliche Blätter aber wie die der bekannten Kapuzinerkresse in der Mitte gestielt sind (schildförmig), was bei nicht vielen Gewächsen des Pflanzenreichs der Fall ist. Als Unterholz machen wir auf den echten Faulbaum auf-

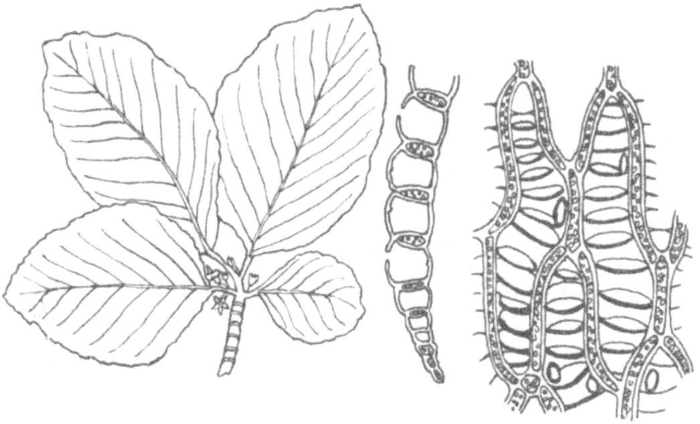

a b

Abb. 3. **a:** *Rhamnus frangula*, echter Faulbaum, Zweigspitze mit Blüten. **b:** Stark vergrößerte Ansicht eines Blattstückes eines Torfmooses (*Sphagnum*), links Querschnitt. Nur die gekörnelten Zellen sind lebend, die dazwischen liegenden tot und mit Wasser gefüllt, das durch kleine Poren eingesaugt wird. Die horizontalen elliptischen Körper sind Verstärkungen der Zellwände.

merksam (*Rhamnus frangula* oder *Frangula alnus*, Abb. 3a) mit rundlichen, ganzrandigen wechselständigen, geradadrigen Blättern und unscheinbaren grünlich-rötlichen Blüten, dessen Rinde abführende Stoffe enthält. Aus der Rinde amerikanischer Verwandter werden Abführmittel hergestellt, z.B. *Cascara sagrada.* Als Faulbaum wird bei uns auch fälschlich die altbekannte „Traubenkirsche“ (*Prunus padus*) bezeichnet, deren weiße hängende Blütentrauben im Frühjahr eine kurze Zeit zu den Prachterscheinungen der Frühjahrsbäume gehören. Wir bemerken, daß dieses Gebiet ebenfalls Naturschutzgebiet ist und demgemäß das Abpflücken von Blüten und Pflanzen verboten, außerdem vollkommen überflüssig ist. Nach einigen Schritten befinden wir uns in einer anderen Moorzone; nicht nur die Bäume sind kleiner, sondern die ganze Farbe der Vegetation trägt den Stempel des Kümmerlichen: sie ist schmutzig-gelblich-grün mit z. T. rötlichem Anflug; die Kleinheit und Dürftigkeit der Pflanzen ist ein Charakteristikum der Hochmoorflora im Gegensatz zur Flachmoorflora. Diese verschiedenen Moortypen sind hier zwar nur andeutungsweise zur Ausbildung gekommen, sind aber trotzdem recht gut zu sehen. Wir müssen hier etwas bei der Entstehung dieser Moortypen verweilen. Die Verlandung eines Gewässers durch die hineinwachsenden und vertorfenden Ufer- und Wasserpflanzen ist uns bereits geläufig, und wir haben sie eben noch am Ostende des Grunewaldsees in Augenschein genommen. Bei dem Beginn der Verlandung haben die Gewächse nahrungsreiches Wasser zur Verfügung, und die Torfbildung findet zunächst ungefähr im Niveau des Grundwasserspiegels statt, so daß anspruchsvolle Pflanzen, große Bäume wie die Erle und ihre Begleitflora ernährt werden können. Dieses Moorstadium ist das Flachmoorstadium, genannt nach seiner flachen, ebenen Oberfläche. Bei weiterer Aufhöhung des Torfes, die ja durch die weiterwachsende Vegetation ständig stattfindet, entfernt sich die Oberfläche des Moors aus dem nahrungsreichen Grundwasser; es verschwinden allmählich größere Bäume und es stellen sich solche mit geringerem Nahrungsanspruch ein. Wir konnten das schon am Ende des Grunewaldsees in der Aufeinanderfolge von Verlandungswiese, Erlenmoor, Birken- und Kiefernmoor auf ganz kurzer Strecke beobachten. Die Gewächse, die jedoch dem Hochmoor den Stempel aufdrücken, sind die Torfmoose, die Sphagnen, deren Farbe auch dem Hochmoor den charakteristischen Anstrich gibt. Die fahlgrüne Farbe der Torfmoose rührt davon her, daß nur ein kleiner Teil der Blattfläche von grünen lebenden Zellen eingenommen wird, der größte Teil aber aus toten, im lebenden Zustande wasserhaltenden Zellen besteht, durch die die Torfmoose Wasser wie ein Schwamm aufsaugen (Abb. 3b). Beim Begehen des Moors drückt der Fuß aus den Sphagnen das Wasser deutlich heraus; man sieht von diesem Wasser zunächst überhaupt nichts, da es in den Zellen der Torfmoose steckt. Diese können also das atmosphärische Wasser ausgezeichnet speichern, sie leben mehr von dem, was ihnen von oben kommt und gehen vielfach bei reichlicher Nahrungszufuhr von unten ein. Sie können deswegen das „Hochmoor" sich mehrere Meter über das umgebende Gelände erheben lassen (daher der Name „Hochmoor"). An unserem Moor sind diese Verhältnisse nur im Anfangsstadium zu sehen und von einem eigentlichen Hochmoor kann man noch nicht sprechen; trotzdem ist der Übergang zum Hochmoor charakter schon dem bloßen Auge unverkennbar.

Wir sehen uns jetzt einmal diese Hochmoorgewächse etwas näher an, die hier z.T. recht gut ausgeprägt sind und bei genauerem Zusehen nicht zu übersehen sind. Da ist zunächst das bereits vorn erwähnte einköpfige Wollgras (*Eriophorum vaginatum*); es gibt auch mehrköpfige Wollgräser, die aber meist Flachmoorpflanzen sind. Die Torfmoose am Boden hatten wir schon erwähnt. Unser besonderes Interesse nehmen jetzt die Vertreter der Heidevegetation in Anspruch. Die Heidevegetation ist im allgemeinen eine anspruchslose, auf kalkarmem Boden, also auch mit Vorliebe in den Kiefernwäldern gedeihende Pflanzengemeinschaft, die daher auch auf Mooren von Hochmoorcharakter fortkommen kann, allerdings z.T. in anderen Arten und Formen. Von der Waldheide findet man am ersten noch das Heidekraut selbst (*Calluna vulgaris*) und westlich der Elbe die im Juni blühende Glockenheide (*Erica tetralix*). An unserer Stelle ist vielleicht auch etwas vom Heidekraut zu sehen, insbesondere aber sind es drei Angehörige der Heidekrautfamilie, die uns hier interessieren. Erstens die kleine auf den Sphagnumpolstern hinkriechende, kleinblättrige, schön rot blühende Moosbeere oder Rauschbeere (*Vaccinium oxycoccos*), die wir hier leicht auffinden, und die im Spätsommer größere rote, ähnlich der Preißelbeere schmeckende Früchte trägt. Außer dieser ist leicht zu finden die aufrechte, zart rosa blühende, bedeutend größerblättrige Gränke (*Andromeda polifolia*) mit unterseits weißen Blättern. Die schönste dieser drei Ericaceen ist aber der Sumpfporst, der auch unter anderen Namen wie Mottenkraut usw. populär ist und wie ein kleines Rhododendron aussieht, eine würzig riechende Pflanze mit größeren, unterseits rotbraun behaarten Blättern und einem schönen weißen Blütenstand (*Ledum palustre*). Neben diesen ist bei genauerer Betrachtung nicht der kleine Sonnentau zu verfehlen (*Drosera rotundifolia*), eine kleine, dem Boden angedrückte Pflanze, die im Spätsommer weiße Blüten zeigt und zu den insektenfressenden Pflanzen gehört. Die Pflanze erscheint rötlich durch haarartige Anhängsel der Blätter, die an der Spitze kleine klebrige Flüssigkeitströpfchen tragen, an denen kleine Insekten hängen bleiben, die von der Pflanze verdaut werden. Alle derartigen insektenfressenden Pflanzen wachsen unter ähnlichen Bedingungen auf nahrungsarmen, meist feuchten Böden; sie benötigen nichts aus dem Untergrunde außer Feuchtigkeit, sondern leben von dem, was ihnen aus der Luft zugeführt wird. Bei uns kommen nur einige solche Sonnentaugewächse vor, ferner das Fettkraut (*Pinguicula*), das unter etwas anderen Bedingungen wächst; die ausländischen großblühenden insektenfressenden Pflanzen wie Sarracenia in Nordamerika und die Venusfliegenfalle mit zusammenklappenden empfindlichen Blatthälften (*Dionaea muscipula*) verlangen ähnliche Bedingungen.

Wir haben noch einige Sondererscheinungen unserer „Hochmoorvegetation" zu erwähnen, nämlich die Krüppelkieferbildung und die Bultbildungen. Die Torfmoose wachsen besonders üppig im Schatten der jungen Kiefern, die auf dem Moor emporsprießen. Durch das üppige Wachstum bilden sie am Grunde dieser Kiefern Erhöhungen, und sie kriechen sogar etwas an dem Stamme empor. Diese Erhöhungen bezeichnet man als Bulte (Bult soviel wie kleiner Hügel); Bulte von Sauergras-(*Carex*-)Arten werden auch sonst im Flachmoor und im Wasser gebildet, und man benutzt sie vielfach, von Bult zu Bult springend, um stark versumpfte Flächen zu überschreiten. Unsere Sphagnumbulte haben nun für die Kiefern sehr unangenehme Folgen. Sie schneiden die Wurzeln von der Luft ab und erschweren ihnen das Atmen oder machen es ihnen schließlich unmöglich. Die ursprünglich durchaus gesund aufwachsenden Moorkiefern werden daher allmählich schwachwüchsig und nehmen unregelmäßige, krüppelhafte kurznadelige Formen an. Wir können diese Bulte auch an unserer Stelle recht gut beobachten. Sie sind vielfach bedeckt von dem Widertonmoos (*Polytrichum*) mit schmalen, steil aufgerichteten Blättern, und über die Bulte kriecht die bereits genannte Rauschbeere, und es siedeln sich auch wohl der Sumpfporst und *Andromeda polifolia* an ihnen an. Die Rauschbeere führt daher auch den Namen Moosbeere. Das starke, alles erstickende Wachstum der Torfmoose hält im feuchten Klima auf großen Mooren jeden Baum- und Strauchwuchs zurück, so daß die gewaltigen Seeklimahochmoore Nordwestdeutschlands und Hollands im allgemeinen baumlos erscheinen. Auch sonst bieten große Hochmoore noch eine Anzahl bemerkenswerter, sei es botanischer, sei es landschaftlich charakteristischer Erscheinungen, auf die wir aber hier nicht einzugehen brauchen, da sie auf unserem Hochmöörchen nicht sichtbar sind.

Bei der Überquerung des Moors bis zur anderen Seite der Seenrinne kommt man wieder durch einen Waldflachmoorgürtel, wie die Vegetation der hohen Bäume und der

Unterflora sofort erkennen läßt. Überall besteht der Boden aus reinem Torf, wie sich beim Anstechen des Bodens mit einem entsprechenden Stock sofort erkennen läßt. Wenn man mit einem Stockbohrer von dem mittleren hochmoorähnlichen Teil in den Boden hineinsticht, so erkennt man, daß nur oben der Moostorf liegt, darunter aber ebenfalls Flachmoortorf von der Art, wie er jetzt an den Rändern der vermoorten Rinne zutage ansteht. Das ist im kleinen das normale Moorprofil, das sich in unserem Klima vom Flachmoor zum Hochmoor entwickelt, und zwar um so besser, je feuchter das Klima ist. Der Flachmoortorf, nahrungsreich und schwarz, ist dabei bei großen Mooren weniger mächtig als der überlagernde Hochmoortorf, der ja unabhängig von den Verhältnissen des Grundwassers weiterwächst. Trotz der kleinen Verhältnisse ist die Reihenfolge des Moorzyklus hier, und wie wir bereits am Ostende des Grunewaldsees sahen, im Grunewald überhaupt bei aufmerksamem Zusehen unverkennbar.

Die Überquerung des Moors ist bei einigermaßen nassem Wetter nicht zu empfehlen, und man kann auch denselben Weg wieder benutzen, um aus dem Moor herauszugehen. Der Rückweg wird entweder wieder über Paulsborn genommen, oder man geht geradeaus in der Richtung Rienmeistersee—Krumme Lanke weiter. Hierbei ist aber darauf zu achten, daß man nicht durch einen nordöstlich sich erstreckenden vermoorten Ausläufer der Rinne irregeführt wird, und schon mancher ist hier, ohne es zu wollen, auch auf diesem Wege wieder nach Paulsborn zurückgekommen. Man muß also nicht nur diesen Arm der Rinne sondern auch noch die Hauptrinne überschreiten, was an einigen Stellen ganz gut möglich ist, um zur Krummen Lanke zu gelangen, von wo aus sich der Weg zum Westende dieses schönsten Grunewaldsees von selbst ergibt. Bei der Wanderung an der Krummen Lanke entlang ist die nördliche Seite zu benutzen, da die südliche gänzlich verkolonisiert ist.

4. Exkursion: Einige Parkspaziergänge.

Wie am Eingang unseres Büchleins vermerkt, sollen in unsere Exkursionen auch einige Parkspaziergänge einbezogen werden, bei denen es sich darum handeln wird, einige bemerkenswerte Bäume und Sträucher, die darin angepflanzt sind, aufzusuchen und kennenzulernen. Verschiedene Berliner Parke sind daran sehr reich, und eine besondere Fundgrube dafür sind die Potsdamer Parks von Sanssouci, die Pfaueninsel u.a. Wir setzen dabei die Bekanntschaft mit den gewöhnlichen einheimischen Bäumen voraus und beschränken uns im wesentlichen auf die Vorführung bemerkenswerter angepflanzter Bäume und Sträucher. Auf die Staudenvegetation müssen wir verzichten, da das viel zu weit gehen würde und ferner die Bestände in den verschiedenen Jahren zu sehr wechseln. Wir wählen zu unseren Spaziergängen den Park am Lietzensee, den Charlottenburger Schloßpark und den Tiergarten, die für alle bequem und mit wenig Unkosten erreichbar sind.

1. Lietzenseepark.

Zeit: Juni.

Wir betreten den Park von der Suarezstraße kommend und rechts die Steifensandstraße entlang gehend. Vor uns ist ein kleines Rondell mit Blumen bepflanzt und geradezu das Bootsverleihhaus. Vor diesem gehen wir den Weg links ab. An der Ecke links steht zunächst eine gewöhnliche Esche, mit ihren gegenständigen gefiederten Blättern und geflügelten Früchten bekannt (*Fraxinus excelsior*). Langsam weitergehend bemerken wir rechts einige Exemplare der Berg- oder Knieholzkiefer des Hochgebirges (*Pinus pumilio*, Legföhre, Latsche), die vielen aus den Alpen und vom Riesengebirgskamm her bekannt sein dürfte. Sie ist zwar hier im Flachlande nicht so niedrig und niederliegend wie im Hochgebirge, aber trotzdem verleugnet sie ihren „Latschenwuchs“ auch hier nicht, den sie im Hochgebirge als eine Anpassung an die Vegetationsbedingungen angenommen hat, der ihr aber so in „Fleisch und Blut“ übergegangen ist, daß sie ihn auch unter den günstigen Bedingungen bei uns nicht verleugnen kann. Links etwas weiter an der Bank stehen zwei Exemplare einer Abnormität der eben genannten gewöhnlichen Esche, bei der die Fiederblätter zu einem einfachen Blatt verschmolzen sind, so daß der Baum ein ganz anderes vollkommen fremdes Aussehen bekommen hat (*Fraxinus excelsior var. monophylla*). Daß es aber Eschen sind, sieht man an ihren Früchten. Dann gleich rechts vom Wege hinter der Blutbuche ein mittelhohes Exemplar der Flügelnuß, eines Baumes aus der Walnußfamilie aus dem Kaukasus mit langen hängenden Fruchtständen, dessen Einzelfrüchte äußerlich allerdings keine Ähnlichkeit mit Walnüssen haben (*Pterocarya fraxinifolia*). Diese und andere ausländische Walnußbäume haben die Eigentümlichkeit, gern mit mehreren Stämmen aus der Erde zu kommen, was sich auch hier an den weiteren Exemplaren, die uns gleich beim Weitergehen rechts am Ufer begegnen, beobachten läßt. Wir gehen dann weiter auf die Straße hinaus und erblicken eine Platane, an ihren gelappten Blättern und der abschilfernden Rinde sehr leicht kenntlich, dann wieder eine Flügelnuß. Die Platane ist ebenfalls ausländischer Herkunft, und zwar gibt es zwei Arten davon, die oft bastardiert sind. Die eine stammt aus den Mittelmeerländern, die andere aus Nordamerika. Nordamerika, Ostasien, die Mittelmeerländer, der Kaukasus liefern überhaupt die Hauptmengen der bei uns angepflanzten Ziersträucher und Zierbäume. Ein großer Teil von ihnen, auch von Nadelbäumen, kamen zur Braunkohlenzeit bei uns wild vor und sind erst durch die auf die Braunkohlenzeit folgende Eiszeit bei uns ausgerottet worden. So gibt uns mancher Parkbaum jetzt ein Bild einer seit Millionen Jahren bei uns ausgestorbenen Vegetation, wozu z.B. auch die bereits eben erwähnten Platanen und die Flügelnuß gehören. Wir gehen die Straße weiter und erblicken gegenüber dem Hause 6 unten am Ufer einen Trompetenbaum (*Catalpa bignonioides*). Der Zuname deutet an, zu welcher Pflanzenfamilie er gehört, nämlich zu den Bignoniaceen, einer großenteils aus prachtvoll blühenden Lianen, aber auch Bäumen subtropischen und tropischen Charakters bestehenden Familie. Von ihr wird am häufigsten bei uns der Trompetenbaum (Blütezeit Ende Juli) mit prachtvollen straußähnlichen Blütenständen von weißen, buntgescheckten tütenförmigen Blüten gepflanzt und großen hellgrünen Blättern, seltener die empfindlichere Paulownie mit prachtvoll blauen Blüten, die aber auch bei uns unter günstigen Umständen zur Entwicklung kommen, und die Liane *Tecoma radicans* mit gefiederten Blättern und großen tütenförmigen, scharlachroten Blüten. Gegenüber von Haus 5 noch vier Flügelnußbäume, z.T. mit mehreren Stämmen. Wir gehen unsere Straße (Lietzenseeufer) geradeaus weiter bis zur Neuen Kantstraße und diese rechtsum bis zur Brücke und über diese links auf der anderen Seite wieder in den Park hinab. Auf dem abfallenden gepflasterten Weg der graue Strauch rechts ist eine *Elaeagnus* (auch eine solche links hinten am Ufer), gewöhnlich Ölweide genannt. Im Juni trägt der Strauch gelbliche wohlriechende kleine Blüten und zeigt dadurch, daß er mit Weiden nichts zu tun hat. Es ist eine besondere Pflanzenfamilie, deren Blätter eine eigentümliche graue Behaarung zeigen; die Haare zeigen sich unter dem Mikroskop als sternförmig. Links neben der hohen Pappel gegenüber sehen wir mehrere Sumpfzypressen (*Taxodium distichum*), zu den Nadelbäumen gehörig und früher zur Braunkohlenzeit bei uns recht häufig. Die Art stammt von der atlantischen Küste Nordamerikas und ist ein echter Sumpfbaum; das zarte Laub wird im Winter abgeworfen, so daß der Baum dann kahl steht. Am Ende des Weges unten, links herum, hinter dem roten Baum eine ziemlich selten gepflanzte Art eines chinesischen Schneeballs (*Viburnum rhytidophyllum*) mit großen länglichen scharfadrigen Blättern (Blütezeit im Mai). Weitergehend sehen wir an demselben Wege rechts an einigen Bänken gegenüber dem Rettungsring zwei niedrige echte Kastanien (*Castanea vesca*). Die echte Kastanie ist mit der Eiche und Buche verwandt und hat mit der Roßkastanie botanisch nichts zu tun; ihre Früchte sind unter dem Namen Maronen bekannt. Sie stammt aus den Mittelmeerländern, also aus einem wärmeren Klima. Gewisse Bäume dieses wärmeren Klimas halten bei uns durch die sorgsame gärtnerische Pflege recht gut aus, wie wir noch weiter sehen werden. Weitergehend bemerken wir kurz vor dem Ende des Parks unter einer Hängeweide eine Tamariske (im Mai mit feinen rosa Blütenständen blühend, *Tamarix germanica*), aus Südeuropa stammend (auch schon in Süddeutschland). Kurz vor dem Wegende mitten darauf wieder ein Exemplar unserer gewöhnlichen Esche. Wir biegen jetzt rechts um und gehen am Rande des Parks den Parallelweg in der vorigen Richtung zurück. Es folgen zwei Silberpappeln (*Populus alba*), allbekannte Bäume. Der nächste, etwas schräg stehende Baum rechts ist der Eschenahorn (*Acer negundo*) aus Nordamerika mit gefiederten Blättern, während die meisten Ahorne einfache handförmig gelappte Blätter besitzen, wie z.B. der unmittelbar darauffolgende Traubenahorn (*Acer pseudoplatanus*) mit Blättern, die spitze Zipfel und spitze Buchten haben (Abb. 2b). Er blüht im Frühjahr und die Blätter und die traubenförmigen Blüten kommen zugleich. Die Rinde ist abweichend von den übrigen Ahornarten schülferig, nicht rissig. Bei dem fiederblättrigen Eschenahorn kommen die Blüten im ersten Frühjahr vor den Blättern; die lang herabhängenden, zarten Blütenbündel fallen um diese Zeit an den kahlen Bäume stark auf.

Bei den nächsten zwei Bänken an der linken Seite steht

eine andere Ahornart mit stumpf gelappten Blättern; es ist der gewöhnliche Feld- oder Bergahorn (*Acer campestre*) (Abb. 2c). Auch die dritte Ahornart ist in den Parks überall vorhanden, und wir werden ihr noch später begegnen (*Acer platanoides*) (Abb. 2d), Spitzahorn, die Blätter haben stumpfe Buchten und spitze Lappen; gegenüber auf der anderen Seite auf dem Rasen stehen amerikanische Eichen, und zwar hier *Quercus rubra* mit großen spitzlappigen Blättern. Die Blätter färben sich im Herbst außerordentlich lebhaft rot, wie auch andere amerikanische Gehölze (wilder Wein) und werden deswegen oft zur Dekoration in Herbststräußen verwendet.

Wir gehen den Weg horizontal weiter, der wieder zur Brücke gerade emporsteigt, oben über die Straße und drüben wieder in den Park hinunter. Wir gehen dabei rechts die Treppen hinunter, nicht den linken Eingang, und dann den Weg am Ufer entlang. Es folgt bald ein kleines Rondell mit Bänken. Geradeaus rechts vor einer Zitterpappel der niedrige Strauch mit großen gefiederten Blättern und wolligen Blattstengeln ist ein kleiner Essigbaum (*Rhus typhina*) aus der Familie der meist tropischen *Anacardiaceen*, von denen bei uns keine Arten wild vorkommen. Er stammt ebenfalls aus Nordamerika und zeigt lebhafte Herbstfärbung. Etwas weiter links vor einer Fliederhecke und vor einem Laubbogen steht ein Strauch, der im Spätsommer mit lilagefärbten wohlriechenden Blütentrauben geschmückt ist, mit gegenständigen länglichen Blättern aus der Familie der *Loganiaceen*, die auch viele Lianen enthält. Es ist eine Buddleiaart, die in letzter Zeit nicht selten bei uns gepflanzt wird und sich als schöner, ziemlich harter Zierstrauch erwiesen hat. Wir gehen durch den Laubenbogen hindurch und links durch die Stauden, dann vor den zwei Platanen rechts ab, an mehreren Platanen links vorbei. Es folgt ein kleines Planschbecken; links und rechts davon sind eine Anzahl Exemplare der Stechpalme oder des Hülsenstrauchs gepflanzt, die meist auch große rote Früchte tragen. Dieser schöne Strauch mit dickledrigen ausdauernden Blättern ist eine atlantische Pflanze und kommt westlich der Elbe im Inlande kaum vor, ist also bei uns nur angepflanzt. Unmittelbar an der Seeküste entlang, zieht er sich jedoch wie andere atlantische Formen bis nach Pommern hinein. Es ist erstaunlich, wie genau die einzelnen Pflanzen auf bestimmte Luftfeuchtigkeitsverhältnisse eingestellt sind. *Ilex* sieht übrigens gar nicht äußerlich nach einer Pflanze feuchten Klimas aus, sondern durch ihre ledrigen ausdauernden Blätter eher nach einer Hartlaubpflanze, wie sie in trockenem Klima zu Hause sind (Lorbeer, Steineiche usw.). Wir kommen an ein Gatter; hinter diesem rechtsum und am See wieder entlang. Am Ufer erblicken wir nicht weniger als vier Sumpfzypressen vor dem Bootshaus, die mit ihrem zartgrünen Laub außerordentlich erfreulich unter den Parkgewächsen auffallen. Nach einigen Schritten weiter sind wir wieder an unserem Anfangspunkt angelangt.

2. Schloßpark Charlottenburg.

Zeit: Juni.

Dieser alte Park mit seinem wunderbaren Baumwuchs bietet uns ebenfalls Gelegenheit, eine Anzahl interessanter heimischer und angepflanzter Parkgehölze zu studieren. Wir gehen durch den gewöhnlichen Eingang westlich vom Schloß hinein und gleich rechts durch das Haus neben der Eosander-Kapelle vorbei in den eigentlichen Park. Vor diesem Hausdurchgang können wir einen Blick auf einige etwas unregelmäßig gewachsene Exemplare des schwarzen Maulbeerbaums (*Morus nigra*) an der Wand links werfen, dessen Blätter bald unzerteilt, bald mehr feigenblattartig tief gelappt sind. Interessant sind die unten sitzenden, z.T. abnorm großen Schößlingsblätter, die die gelappte Form der Blätter besonders gut zeigen. Alsbald nach dem

Eintritt in den Hauptpark gehen wir den nächsten Weg rechtsum, parallel der Schloßfront. Rechts eine Anzahl pyramidenförmig geschnittener Eiben (*Taxus baccata*). Wir gehen diesen Weg bis zum vorletzten Pyramidenbaum. Geradeaus etwas links der ziemlich hohe Baum mit den gefiederten Blättern ist der japanische „Rosenkranzbaum", der „Akazie" (*Robinia*) etwas ähnlich mit grünlichen Blütenständen im August (*Sophora japonica*), von dem man nicht häufig derartig schöne Exemplare sieht); er blüht bei uns oft nicht. Wir gehen den Weg links ab zwischen den beiden letzten Pyramidentaxus; der nächste hohe Baum links und weitere am Wege sind Spitzahorne (*Acer platanoides*) (Abb. 2d) mit gelappten Blättern, die stumpfe Buchten und spitze Lappen haben. Er blüht im ersten Frühjahr mit grünlichen Blütendolden, die vor den Blättern kommen und von Unkundigen wohl für aufbrechende Blattknospen gehalten werden können. Beim Weitergehen treffen wir gegenüber der nächsten rechten Bank, etwas frei auf dem Rasen stehend, den Traubenahorn (vgl. Abb. 2 b), dessen schülferige Borke von der der übrigen Ahornarten ganz abweicht. Vor der nächsten linken Bank in dem Gesträuch rechts steht vor einem Spitzahorn u. a. das Pfaffenhütchen (*Evonymus europaea*) mit grünlichen Blüten und gegenständigen länglichen Blättern, im Herbst durch die roten Früchte (Pfaffenhütchen) besonders auffallend. Hinter dieser Bank auf dem Rasen links befindet sich ein Bestand des schon früher genannten Essigbaums (*Rhus typhina*, S. 36), dessen gefiederte Blätter sich im Herbst prachtvoll rot färben; seine Blüten sind grünlich kopfig, später rötlichbräunlich. Es folgt eine Wegkreuzung; an der Ecke rechts *Cotoneaster integerrima* (Bergmispel) mit kleinen rötlichen Blüten, ein Strauch, der auf den süddeutschen Kalkgebirgen zu Hause ist, mit etwas wolligen Blättern. Dann gleich dahinter vor dem Flieder (*Syringa*) etwas zurückstehend ein Exemplar der „Kleeulme" (*Ptelea trifoliata*), ein Strauch mit dreiteiligen Blättern und (Mai) grünlichen wohlriechenden Blüten; die Früchte sind scheibenförmig, rund und geflügelt mit dem Samen in der Mitte, entfernt Ulmenfrüchten ähnlich (daher der Name „Kleeulme“); sie haben aber mit Ulmen nichts zu tun, sondern gehören in dieselbe Familie wie der eben genannte Essigbaum. Wir gehen nun geradeaus weiter. Gleich rechts am Wege und auch weiterhin treffen wir mehrere Sträucher mit gefiederten Blättern, ähnlich der *Robinie* oder falschen „Akazie“, wobei jedes Blatt mit zwei Blättchen endet. Es ist ein mit den „Goldregen“ verwandter Strauch aus Ostasien, *Caragana arborescens* („Erbsenstrauch“), der im Mai seine gelben Schmetterlingsblüten treibt und später erbsenähnliche Früchte trägt. Vor der nächsten Bank rechts sehen wir vor einer Roßkastanie ein schönes Exemplar des südeuropäischen Zürgelbaums, auch „Steinulme“ genannt (*Celtis australis*). Das Laub dieses Baumes ist sehr schön hellgrün, und die graue Rinde zeigt dicke abstehende Schülferschuppen. Er blüht Mitte Mai mit grünlichen kleinen Blüten und trägt nachher kleine rundliche Früchte mit einem steinharten Kern. Wir werden ihm nachher im Park noch mehr begegnen. Geradezu an der Wegteilung, etwas freistehend, erblicken wir nun einen kleineren Trompetenbaum, von dem schon S. 34 die Rede war; er ist durch seine großen hellgrünen Blätter (auch nicht blühend) sehr auffällig. Vor diesem kleinen Trompetenbaum stehend, sehen wir links (auf der anderen Seite des Wegs) einen akazienähnlichen Baum, der bei näherem Zusehen große dornige Sprosse besitzt und aus grünlichen Blüten im Herbst ungefähr 20 cm lange große, flache Hülsenfrüchte erzeugt, die den ganzen Winter hindurch in Menge auf dem Boden herumliegen. Es ist die Gleditschie (*Gleditschia triacanthos*), benannt nach Gleditsch, dem Gründer des ersten Berliner Botanischen Gartens (bei der nach ihm benannten Gleditschstraße). Links im Hintergrund hoch emporragend noch ein solcher Baum mit pinienähnlicher Krone, die sich bei gewissen Leguminosenbäumen gern einstellt (z.B. der Giraffenakazie der südafrikanischen Steppen). Wir gehen nun vom Trompetenbaum langsam links weiter und treffen kurz vor dem Wasser an der Ecke links mehrere schöne Exemplare der echten Kastanie oder Marone (Blütezeit Ende Juni, Anfang Juli). Die echte Kastanie (*Castanea vesca*) bietet zur Blütezeit mit den reich entwickelten männlichen gelben Kätzchen einen recht auffallenden Anblick und ist in diesem Park noch in weiteren schönen Exemplaren vertreten; mit der Roßkastanie hat sie keine Verwandtschaft. Wir gehen am Wasser entlang. Gleich links zurückblickend hinter der Eiche neben den Kastanien auf dem Rasen, ziemlich frei, steht ein großes Exemplar des Götterbaums aus China (*Ailanthus glandulosa*). Er gehört zur Familie der bei uns wild nicht vorkommenden stark bitterstoffhaltigen Simarubaceen, trägt etwa Ende Juni grünliche, aufrecht stehende Blütenstände und im Herbst längliche geflügelte, etwas eschenähnliche Früchte. Er hat langgefiederte Blätter, die leicht daran zu erkennen sind, daß die unteren kleinen Zähne am Ende jedesmal eine dicke Drüse tragen, die man fast bequemer fühlen als sehen kann; die Spitzenblätter sind meist rötlich. Er ist eigentlich mehr in Südeuropa Zierbaum, kommt aber auch bei uns ganz gut fort. Der See im Schloßpark rechts ist mit verschiedenen Arten von Seerosen bepflanzt, von denen auch die rosa Varietät der weißen Seerose (*Nymphaea alba*) zu nennen ist.

Wir gehen den Weg am Wasser weiter geradeaus (rechts eine Brücke); wo der gerade breite Uferweg (der nach Süden direkt auf das Schloß zuläuft) unseren Weg kreuzt, sieht man geradeaus, etwas rechts, an der Wegfortsetzung ein ziemlich großes Exemplar der Sumpfzypresse (*Taxodium distichum*), die wir schon vom Lietzensee kennen. Wir gehen nun den genannten geraden Weg links einige Schritte in Richtung auf das Schloß zu. Gleich links, etwas unter den anderen Bäumen versteckt, stehen dicht beieinander noch zwei Zürgelbäume, die wir an der eigentümlichen pockigblätterigen grauen Rinde sofort wieder erkennen. Den nächsten Weg links hinein. Rechts steht gleich eine Bank unter einer amerikanischen Roteiche (*Quercus rubra*) und einem Spitzahorn. Wir gehen weiter auf die Koniferen (Nadelbäume) zu. Rechts von uns drei amerikanische Weymuthskiefern (*Pinus strobus*), darunter eine Eibenhecke, hinter der eine Douglasfichte (*Pseudotsuga Douglasii*) aus dem westlichen Nordamerika steht, ein halb tannen-, halb fichtenartiger Baum. Die Douglasien und Weymuthkiefern kamen früher bei uns in der Braunkohlenformation vor; es gibt aber in Europa nur noch eine Weymuthskiefer auf dem Balkan, die rumelische Weymuthskiefer (*Pinus peuce*). Alle andern sind durch die Eiszeit ausgerottet worden. Die Weymuthskiefern zeigen fünf Nadeln in einem Bündel zusammenstehend (unsere Kiefer zeigt zwei) und lange, meist hängende Zapfen, die man unter den Bäumen bei einiger Aufmerksamkeit leicht findet. Prachtvolle Weymuthskiefern sind die Tränen- oder Himalayakiefern (*Pinus excelsa*), die man sich am besten im Botanischen Garten ansieht. Auf unserem Wege weiter gleich links und rechts fallen uns die Büsche von niedrigen kurznadeligen Kiefern auf, die wiederum wie am Lietzensee der *Pinus pumilio*, der Knieholzkiefer angehören, die auch hier ihren vererbten eigentümlichen Wuchs nicht verleugnen kann. Nun rechts unmittelbar am Wege kommen wir vor der Gleditschie mit Pinienwuchs vorbei, die wir vorhin aus der Ferne sahen (gegenüber links noch eine Celtis und ein Evonymus). An der nächsten Wegecke rechts über den „Heckenkirschen“ (*Lonicera*) erfreuen uns noch größere, mehrstämmige Bäume einer amerikanischen Walnußart, *Juglans cinerea* (Butternuß). Wir gehen weiter geradeaus. Über der nächsten Bank der auch sonst überall angepflanzte Pfeifenstrauch (*Philadelphus*, mehrere Arten), gewöhnlich z.T. fälschlich „Jasmin“ genannt, mit den bekannten wohlriechenden Blüten aus Mittel- und Ostasien, von dem auch nicht duftende Arten gepflanzt werden. Mit ihm verwandt sind die Deutzien. Über dem Gesträuch wieder ein Götterbaum, etwas weiter links am Wege ein schöner *Crataegus* (Weißdorn). Vor dem Schloß läuft der Weg auf eine besonders große Eibe zu, rechts auf dem Rasen. Wir sind wiederum in der Nähe des Durchgangs durch den Seitenteil des Schlosses in den Park angelangt.

Im ersten Frühjahr sind die wenigen blühenden Sträucher besonders leicht zu charakterisieren. Wie in allen Parks leuchten hier die gelben hängenden Blüten der Forsythien hervor. Diese Sträucher stammen aus Japan und gehören zu derselben Familie wie der türkische Flieder, der Ölbaum und — auch die deutsche Esche (*Oleaceen*). Das Hauptcharakteristikum dieser Familie sind die meist einfachen gegenständigen Blätter und der Besitz von Staubfäden in jeder der meist vierzähligen Blüten. Etwas später sind an verschiedenen Stellen, namentlich an den Wasserläufen im Park, die weißen hängenden Blütentrauben der Traubenkirsche oder des Faulbaums nicht zu übersehen.

Schließlich sind hier und anderweit in unseren Parks als auffälligste Frühjahrssträucher die mit großen, weißen „tulpenähnlichen“ Blüten geschmückten Magnolien zu nennen, deren Blüten bei verschiedenen Arten vor den Blättern kommen; das Publikum nennt sie gewöhnlich fälschlich „Tulpenbäume“. Der wirkliche Tulpenbaum gehört nun zwar zur selben Pflanzenfamilie; wir werden ihn auf dem nächsten Spaziergang kennenlernen — sieht aber ganz anders aus.

3. Tiergarten.

Zeit: Anfang Juli.

Zu dem Spaziergang durch den Tiergarten, der uns auch wieder einige interessante Sträucher und Bäume vorführen wird, begeben wir uns zunächst vom Großen Stern die Hofjäger-Allee entlang bis zum Großen Weg. In diesen biegen wir zunächst rechts ein und gehen bis hinter den zweiten von links kommenden Weg (etwa 50 m vor der Kreuzung Lichtensteinallee—Fasanerieallee). Auf der rechten Seite vier Tulpenbäume (*Liriodendron tulipifera*), die zur Magnolienfamilie gehören und in ihren vierzackigen Blättern eine nur einmal unter den Laubbäumen bekannte Blattform zeigen. Mit einem Opernglas können wir auch ihre großen, grünlichen, in der Mitte rötlichen Blüten zahlreich beobachten, die meist weiter in der Baumkrone sitzen. Es ist ein sehr schöner Parkbaum, der auch später lebhafte Herbstfärbung zeigt. Wir gehen dann bis zur Hofjäger-Allee zurück und kreuzen diese, den „Großen Weg" auf der rechten Seite weitergehend. Gleich rechts am Anfang des Weges an der Ecke sehen wir, jetzt schon in Früchten, eines der zahllosen Exemplare der Heckenkirsche unserer Wälder (*Lonicera xylosteum*), mit roten, zu zweit stehenden Beeren, im Frühjahr mit gelblichweißen Blüten. Zu den Lonicera- oder Geisblattarten gehören auch lianenartige Schlinggewächse, von denen das wohlriechende Geißblatt, das oft zur Bekleidung von Lauben gezogen wird und gelbliche große, sehr wohlriechende Blüten trägt, das bekannteste ist (*Lonicera caprifolium*, Jelänger-Jelieber). Beim Weitergehen beachten wir die Eichen; es ist fast alles die Stieleiche (*Quercus pedunculata*), die gestielte Früchte hat, deren Blätter aber ungestielt sind. Außer dieser kommt bei uns noch häufig die „Wintereiche" (*Quercus sessiliflora*) mit sitzenden Früchten und gestielten Blättern vor. Verschiedene Ulmen treffen wir ebenfalls auf dem Wege; sie sind zum großen Teil an der sog. Ulmenpest erkrankt, die auf die Dauer die Ulmen bei uns auszurotten droht. Wir gehen bis zur Kreuzung unseres Weges mit dem „Kleinen Weg" und werfen einen Blick auf das Gesträuch an der Ecke, bevor wir den „Kleinen Weg" selbst überschreiten. Der überragende Strauch ist die Pimpernuß (*Staphylea pinnata*), aus Südosteuropa stammend und noch in Schlesien an einigen Stellen wild vorkommend; sie trägt im Frühjahr grünliche Blüten, hat gefiederte gegenständige Blätter und auffallende, blasig aufgetriebene Früchte, wie sie auch der „Blasenstrauch", ein Schmetterlingsblütlerstrauch unserer Anlagen hat, der um diese Zeit mit gelblich-orangen Blüten blüht. Auch hier sehen wir einen Strauch aus der Familie der Schmetterlingsblütler (*Leguminosen*), den uns schon bekannten „Erbsenstrauch" (*Caragana arborescens*). Er stammt aus dem östlichen Asien. Die Blätter sind wie bei den Leguminosen gewöhnlich gefiedert und endigen ungewöhnlicherweise mit zwei Blättchen. Darunter steht der sog. Schneebeerenstrauch (*Symphoricarpus racemosus*), der bei uns in Anlagen ganz gemein ist (Nordamerika) und unscheinbare rötliche Blüten, dagegen im Herbst die sehr auffallenden weißen „Schneebeeren" als Früchte trägt. Die Blätter sind verschieden gestaltet, teils einfach, teils gelappt. Außerdem steht noch „wilde Johannisbeere" (*Ribes alpinum*) da, die Gebirgsjohannisbeere, die als Zierstrauch bei uns sehr gemein ist; die Ribesarten sind als Nutzsträucher (Johannisbeere, Stachelbeere) und verschiedene Arten als Ziersträucher bekannt.

Wir gehen den Großen Weg gerade weiter und treffen bei einer Bank gleich rechts ein Exemplar der nordamerikanischen Weymuthskiefer (*Pinus strobus*). Die Weymuthskiefer gehört zu den fünfnadeligen Kiefern (fünf Nadeln in einer Scheide), während unsere heimische Waldkiefer eine zweinadelige Kiefer ist. Die Zapfen der Weymuthskiefer zeichnen sich äußerlich durch beträchtliche Länge aus, auch die Zapfenschuppen sind von unserer Kiefer verschieden (S. 41). Der Weg führt dann weiter zu einem kleinen See, an dem gegenüber das Lortzing-Denkmal steht. Wir gehen einen Augenblick auf die andere Seite und sehen auf der kleinen Insel (nachher auch am Ufer) als auffälligste Pflanze die Gebirgsspierstaude (*Aruncus silvester*), die mancher Leser wohl schon in unseren Mittelgebirgen wild gefunden haben wird. Die grünlichweißen Blütenstände sind als Ganzes ziemlich auffällig. Am Wege stehen noch drei nordamerikanische Ahornarten (*Acer dayscarpum*) mit tief geteilten unterseits weißen Blättern, die ihre Ahornnatur sogleich erkennen lassen, obwohl einer andern Art als die heimischen Ahorne angehörend. Wo der Weg links am Ende des Sees abzweigt, steht eine mächtige Schwarzpappel (*Populus nigra*).

Wir gehen auf die andere Seite zurück und sehen gegenüber drei mächtige Eschen (*Fraxinus excelsior*), an den gefiederten gegenständigen Blättern und länglichen geflügelten Früchten leicht kenntlich. Wir folgen nun dem Großen Weg ein gutes Stück bis zur „Großen Querallee" und gehen dann den kleingepflasterten Weg über die Brücke zum Luisendenkmal. Das Denkmal ist hinten von einer Eibenhecke (*Taxus baccata*) umgeben, vorn aber stehen links und rechts davon einige kleinnadelige Koniferen, die Hemlocks- oder Schierlingstanne (*Tsuga canadensis*), an den kurzen Nadeln und ganz kleinen Zäpfchen leicht kenntlich, die meist mehr oder weniger zahlreich am Boden herumliegen; sie stammt aus den kanadischen Gebirgen und findet sich bei uns ziemlich häufig in Parkanlagen. Wir gehen dann geradeaus denselben Weg weiter und treffen wieder auf eine kleine Brücke. Links von dieser steht ein Exemplar des Maiglöckchenstrauchs (durch eine Stütze vorm Umfallen bewahrt), der der Familie der Styrax-Bäume angehört; im Mai ist er mit schönen glockenförmigen weißen Blüten behangen und jetzt durch seine länglichen vierflügeligen Früchte auffällig (*Halesia tetraptera* = vierflügelig). Den Kreuzungsweg dahinter gehen wir rechts; wo der Weg auf den Reitweg vor der Regentenstraße trifft, steht rechts noch ein hoher großer Tulpenbaum (*Liliodendron tulipifera*). Wir machen nun kehrt und gehen denselben Weg zurück. Die ersten drei großen Bäume links sind wieder Ulmen; an ihnen bemerkt man auch die häufig auftretenden strebepfeilerartigen Brettwurzeln. Wo wir auf den gepflasterten Weg wieder treffen, sieht man links eine kleinere Sumpfzypresse (*Taxodium*) und rechts auf der andern Seite des Weges, auf dem Rasen, einen der oben erwähnten Magnoliensträucher, die auch jetzt durch ihren verzweigten Wuchs und die großen langen Blätter auffallen; daneben steht eine der uns bereits bekannten amerikanischen Eichen (*Quercus rubra*). Wir kreuzen unseren früheren gepflasterten Weg und gehen an der Brücke vorbei, genau am Wasser entlang, weiter. Links treffen wir noch zwei schöne Maiglöckchensträucher, dann zwei Taxodien, an denen hier auch die sog. Knie- oder Atemwurzeln sichtbar sind. Die Bäume wachsen in Nordamerika meist in periodisch überschwemmten Gebieten und treiben zur Sicherstellung der Atmung der Wurzeln nach oben bis über meterhohe Auswüchse der Wurzeloberseite, die hier allerdings höchstens ¼ m hoch sind und unmittelbar in oder am Wasser stehen. Stehen die Bäume auf dem Trockenen, wie das Exemplar im Charlottenburger Schloßpark, so fehlen die Kniee.

Wir kommen dann zum Denkmal von Friedrich Wilhelm III. Gegenüber auf dem andern Ufer des Wassers sind hier besonders auffällig die großen Blätter einer Pestwurzart (*Petasites*), die im ersten Frühjahr ihre Blütenstände treibt und erst später Blätter entwickelt, ähnlich wie unser Huflattich (S. 5), mit dem sie übrigens nahe verwandt ist (Korbblütler oder Kompositen). Wir kommen wieder auf die „Große Querallee“ und gehen diese links. Links noch vor der Brücke eine merkwürdig verwachsene Ulme. Wo wir unseren kleinpflasterigen Weg wieder treffen, sehen wir rechts an der Kreuzung zwei Hainbuchen oder Weißbuchen, deren gesägte, scharfadrige Blätter und eigentümlich netzig-wellig gezeichnete Rinde wir einer kurzen Betrachtung würdigen (S. 13).

Damit sind unsere Betrachtungen an dieser Stelle beendet und wir setzen nun unseren Weg direkt bis zur Hermann-Göring-Straße, Ecke Lennéstraße fort. Auf dem Rasenplatz gegenüber dem Café Dobrin steht ein Denkmal. Vor diesem stehend gehen wir erst nach rechts (überall kranke Ulmen) ein kurzes Stück die Hermann-Göring-Straße entlang (Richtung Brandenburger Tor). Die erste Roßkastanie links hinter dem Kreuzweg auf etwas abfallendem Rasen ist den Botanikern seit fast einem Jahrhundert durch eine besondere Eigentümlichkeit bekannt. Sie treibt an gewissen Stellen der Äste und unten nahe der Stammbasis regelmäßig jährlich an denselben Stellen Schößlinge mit schneeweißen Blättern, die man bei genauerem Zusehen in dem dichten Laubwerk des Baumes leicht findet. Diese Blätter sind krank (chlorotisch) und entbehren des lebensnotwendigen grünen Farbstoffes. Sie werden unterhalten auf Kosten der normalen grünen Blätter. In den Anlagen und Gärten findet man öfter Bäume und Sträucher mit halbgrünen, halbweißen (panaschierten) Blättern, die wegen ihres auffallend gescheckten Aussehens von den Gärtnern (durch Schößlinge vermehrt) gepflanzt werden. Auch hier muß der grüne Teil des Blattes oder der Blätter die bleichen Teile mit ernähren; besonders der Eschenahorn (S. 35) wird oft so gezogen. Bei gänzlichem Fehlen des grünen Farbstoffes überhaupt ist selbstverständlich der Baum nicht lebensfähig.

Wir wenden uns wieder zum Denkmal zurück und gehen jetzt entgegengesetzt den kleinen Weg links hinein (auf dem Rasen wieder eine Magnolia) bis zu den zwei Weymuthskiefern. Gleich hinter diesen steht ein Strauch mit aufrecht stehenden Blütenständen und roßkastanienähnlichen, handförmigen Blättern; es ist die Strauchkastanie (*Aesculus macrostachya*), die in den Berliner Anlagen, auch in den Potsdamer, gelegentlich zu finden ist. Sie stammt aus Nordamerika und blüht etwa im Anfang

Juli. Dabei sind noch die schlanken Sprosse eines orientalischen Knöterichs zu bemerken, der allerdings wegen seiner Größe von unseren Knöterichen sehr abweicht (*Polygonum cuspidatum*), mit eiförmigen, unten gerade abgestutzten Blättern, die an ihrem Grunde die kleine Tute (stengelumfassendes Hochblatt) bei genauerem Zusehen erkennen lassen, die alle Knöteriche und Ampfergewächse aufweisen (*Polygonaceae*), die daher früher auch Tutengewächse (*Ochreaten*) genannt wurden.

5. Exkursion: Birkenwerder — Briesetal.

Zeit: Anfang Juli.

Die heute auszuführende Exkursion, die an einem Nachmittag bequem ausgeführt werden kann, soll uns mit der Heideformation bekannt machen. Unter Heideformation versteht man eine Pflanzengemeinschaft, die auf kalkarmem oder entkalktem, also namentlich sandigem Boden wächst und besonders durch das Auftreten von Angehörigen der Heidekrautfamilie (*Ericaceen*) charakterisiert ist. Wir haben eine Anzahl solcher auf der Exkursion in das Grunewaldmoor bei Paulsborn kennengelernt, wo es sich jedoch um Moorgewächse handelte; auch dort aber wuchsen diese Gewächse auf kalkarmem oder kalkfreiem Untergrunde, worauf ja die Anwesenheit der Torfmoose, der Sphagnen, hinwies; so hat die Heideformation der Moore mit der der eigentlichen auf Sand wachsenden Heide manches gemeinsam, und auch z.B. der Sumpfporst, sonst ein Moorgewächs, kommt gelegentlich in feuchten Heidewäldern massenhaft vor (so z.B. in solchen am Ostseestrande, von denen mir derjenige westlich des Seebades Misdroy als besonders großartig in Erinnerung ist). Das Heidekraut kann z.B. auch in beiden Pflanzenvereinen vorkommen, und der herrschende Baum die Kiefer (*Pinus silvestris*) ist beiden Formationen gemeinsam. Wir hatten etwas Heide auch auf der Freienwalder Exkursion auf dem Plateau vor der Chaussee beim Forsthaus Sparrenbusch kennengelernt (S. 76), wo der Besenginster als größere Pflanze dieses Vereins sich repräsentiert. Die Heide ist bei uns fast niemals als offene Heide vertreten, sondern so gut wie stets im Schatten des Kiefernwaldes; in der Lüneburger Heide und in Westdeutschland überhaupt, auch unmittelbar an der Ostsee, z.B. auf Hiddensee, kommt sie in dem feuchten Klima ohne den deckenden Schutz höherer Bäume fort, während sie sich bei uns meist in den Schutz des Kiefernwaldes zurückzieht und nun hier als Heidewald eine charakteristische Pflanzengemeinschaft bildet.

Wir begeben uns mit der nördlichen Vorortbahn (Berlin-Oranienburg) nach der Station Birkenwerder und überschreiten die Bahn auf einer neueren eisernen Brücke nördlich der Station. Wir folgen der Bahnhofstraße und Bahnhofallee durch die Kolonie gerade aus weiter und gehen dann die Ahornallee links immer den Wegweisern „Briese-Forsthaus Briese" usw. nach, zuletzt den Fußsteig „Hasensprung" benutzend. Auch im Walde folgen wir den Wegweisern „Briese". Wo der Fußsteig den Wald durchquert, haben wir einen sehr typischen „Heidewald" im obigen Sinne vor uns. Der herrschende Baum ist die Kiefer, die hier auch als freiwilliger Anflug kleiner Kiefern als Unterholz gedeiht. Für uns ist aber als Unterholz wichtiger und charakteristisch der Wacholder (*Juniperus communis*), der hier in einer großen Menge von kleineren und größeren Büschen anzutreffen ist und dem Heidewald geradezu sein äußeres Gepräge gibt. Daß er auch sonst zur „Heidegesellschaft" gehört, ist ja jedem bekannt, der einmal einige Bilder aus der Heide Westdeutschlands (Lüneburger Heide) gesehen hat oder auch nur mit offenen Augen unsere heimischen Kiefernwälder durchstreift hat. Der Wacholder ist ein Gewächs aus der Zypressenfamilie (*Cupressineen*), ein Nadelbaumgewächs oder Konifere (Zapfenträger), dessen Zapfen aber durch Verwachsung der Zapfenschuppen beerenartig sind („Wacholderbeeren"), mit sehr würzig riechendem Harz. Die Cupressineen haben meist kleine schuppenförmige Blätter, wie die „Lebensbäume" (*Thuja*) und die Zypressen, die dahin gehören; auch die meisten „Wacholder"-Arten haben solche Blätter. Nur eine Gruppe von Wacholdern, zu denen auch unser heimischer gehört, hat nadelförmige Blätter; dagegen hat der Sadebaum der Alpen (*Juniperus sabina*) auch schuppenförmige Blätter. Alle Cupressineen sind übrigens an den gegenständigen Blättern leicht kenntlich. Bei allem verleugnet auch unser Wacholder nicht die Verwandtschaft mit der Zypresse im Wachstum; der säulenförmig aufstrebende Wuchs ist ja bei vielen Zypressen und Lebensbaumarten charakteristisch.

Wir beschäftigen uns nach diesem Exkurs nunmehr mit der so charakteristischen Bodenflora unseres Heidewaldes, die sehr reichlich vertreten ist. Zunächst sehen wir an verschiedenen Stellen den Charakter-Farn dieser Formation, den Adlerfarn (*Pteridium aquilinum*), so genannt wegen der eigentümlichen Querschnittsfiguren des Stengels, die von den eigentümlich geschwungenen Leitsträngen gebildet werden, die bei gewisser Schnittrichtung eine doppeladlerähnliche Figur erzeugen. Der Farn ist ein fast auf der ganzen Erde verbreitetes Gewächs, das Kieselboden liebt, den ihm ja unser Sandboden bietet. Man findet ihn daher häufig in unseren Kiefernwäldern. Nun aber die eigentlichen Heidekräuter (*Ericaceen*), die hier in drei Arten vertreten sind. Einmal hier und später, wenn auch in kleineren Büschen, das allbekannte Heidekraut (*Calluna vulgaris*) mit kleinen schuppenförmigen Blättern, um diese Zeit noch nicht blühend; weiter die Heidel- oder Blaubeere (*Vaccinium myrtillus*), die ihr Laub im Winter abwirft und zur jetzigen Zeit schon Früchte trägt. Sie liebt besonders die feuchteren Stellen des Kiefernwaldes und meidet mit ihrer zarteren Beblätterung direkte Besonnung. Sie ist in großen und kleinen Beständen hier überall zu sehen. Schließlich die Preißel- oder Kronsbeere (*Vaxinium vitis idaea*), die mit ausdauernden Blättern, mit der eben genannten Schwesterart meist nicht gemischt, sondern abgesondert in besonderen Beständen, auf etwas trockneren Stellen und auf meist etwas erhöhtem Boden wächst. Um diese Zeit hat sie schon ziemlich Früchte angesetzt; im Mai blüht sie mit schönen weißen glöckchenartigen Blüten, im Spätsommer oft zum zweitenmal. Diese drei Formen der Ericaceen sind in unseren Heidewäldern öfter zusammenzufinden; die von uns aufgesuchte Stelle ist als recht günstig und typisch zu bezeichnen. Besuchen wir die Stelle im Frühjahr (Mai), so sehen wir wohl einen jetzt schwerer aufzufindenden kleinen Ginster mit reichlichen dottergelben Blüten, vielfach dazwischen stecken (*Genista pilosa*), der nur im Mai zur Blütezeit auffällt, im übrigen sich aber äußerlich sehr der Form der Heidegewächse angepaßt hat, so daß er nach der Blüte sozusagen „verschwindet". Dagegen sehen wir jetzt eine andere kleine gelbblühende Pflanze hier zahlreich in Blüte, mit länglich-schmalen gegenständigen Blättern, länglichen unregelmäßigen weißlich-gelblichen Blüten, den Wiesenwachtelweizen (*Melampyrum silvaticum*) aus der Familie der Maskenblütler oder *Scrophulariaceen*, der auch als recht häufig in unserer Pflanzenformation zu bezeichnen ist; wir hatten ihn früher (S. 16) als Halbschmarotzer erwähnt.

Beim Weitergehen kreuzen wir den holzgepflasterten Fahrweg nach Briese, wo sich mehrere Gasthäuser und eine kleine Kolonie befindet. Wir wollen hier einen kleinen Abstecher zur Abwechslung machen, um den Charakter des sehr hübschen Briesetals kennenzulernen, die in der Nähe von Birkenwerder in die Havel fließt. Sie zeigt auch hübsche Wasservegetation. Bei dem Gasthaus Bad Briese ist das Tal zu einem Freibad ausgebaggert. Wir gehen an den Häusern der Kolonie entlang (rechtsum) und hinter dem letzten Koloniehäuschen an die Briese hinunter, die auch in trockener Jahreszeit noch ein sauberes, munterfließendes Bächlein ist. Gegenüber wird bald eine reine Wiese bemerkbar, aus der die schlanken Stengel der Sumpfdistel mit kleinen roten Blütenköpfen emporragen (*Cirsium palustre*). Im Bache selber sind besonders auffällig die gefiederten Blätter des Merk, eines Doldenblütlers (*Sium latifolium*), und an unserem Ufer selbst bald verschiedene Farne, besonders das größere *Athyrium felix femina* („Weiblicher Waldfarn") mit zart gelappten kleinen Blättchen, weiterhin auch der kleine hellgrüne, mit stumpfen Blättchen besetzte Sumpffarn (*Aspidium thelypteris*). Beim aufmerksamen Zusehen bemerkt man hier auch unten am Bache einige Andeutungen von Laubwaldpflanzen, nämlich Anemonenblätter und Sauerklee. Der „Laubwaldcharakter" wird hier angedeutet durch die Erlen und dazwischenstehendes Unterholz, und wir sahen ja auf unserer ersten Exkursion nach Finkenkrug, wie sehr manche Bruchwälder in der Vegetation mit Laubwäldern verwachsen. Wir setzen unseren Weg am Bach nur etwa 0,4 km weit fort, wo sich das Tal erweitert und von links ein kleiner Kanal in den Bach mündet (Erlenbestand). Kurz davor findet man an dem diesseitigen Ufer etwas Röhrichtvegetation, in der uns verschiedene uns bereits bekannte oder neue Pflanzen begrüßen. Das kletternde holzige Bittersüß (*Solanum dulcamara*) mit kleinen violetten kartoffelähnlichen Blüten, das Sumpflabkraut (*Galium palustre*) mit quirlständigen Blättern und weißen, sehr kleinen Blütensternen, im ganzen etwas waldmeisterähnlich aussehend, ferner die wohlriechende Wasserminze (*Mentha aquatica*), der Wassernabel mit in der Mitte gestielten rundlichen Blättern am Boden, Schachtelhalme, und besonders unsere größte Hahnenfußart, die sich in dem Röhricht emporstützt (*Ranunculus lingua*), der mit seinen großen gelben Blüten und seinen länglichen Blättern nicht übersehen werden kann. Wir gehen zur Kolonie zurück und überqueren auf dem Fahrwege beim Gasthaus

Briesekrug das Briesetal und gehen um das alte Forsthaus, jetzt Gasthof Waldschlößchen, herum, hinter der Badeanstalt am Ufer des Tales westlich weiter. Das Tal ist hier ziemlich breit, stark vertorft (Kunstwiesen, im Hintergrund Erlenbestände S. 8) und zeigt sich als typisches Auswaschungs- oder Erosionstal mit verhältnismäßig steilen Ufern, die wir besonders schon vorher bei unserem Abstecher nach Osten sehen konnten. Es ist in die Hochfläche eingeschnitten, und die Briese ist nur der Rest der früheren größeren Wassermengen, die das Tal ausgenagt haben. Es hat auch eine Anzahl Seitentäler, die z.T. vertorft, z.T. trocken sind.

Wir gehen an dem Ufer westwärts entlang und treffen nach ca. 500 m eine kleine Brücke vor einem Seitental, das jetzt von einer großen Wiese erfüllt ist („Papenluch“). Wir gehen in dieses Seitental hinein und an der (Nachmittags) schattigen Talseite (Westseite) entlang.

Abb. 4. Sproß einer Cypressenwolfsmilch (*Euphorbia cyparissias*).

Das Ufer des Tales ist wieder von Heidewald bestanden, und wir treffen hier außer den vorigen Pflanzen noch das Heidefingerkraut (*Potentilla tormentilla*), leicht kenntlich an den fast durchweg vierzähligen gelben Blüten und handförmig geteilten Blättern, während die meisten Fingerkräuter fünfzählige Blüten haben. Außerdem findet sich hier die auch in Kiefernwäldern recht häufige Zypressenwolfsmilch (*Euphorbia cyparissias*), wohl die gewöhnlichste Wolfsmilch bei Berlin, die auch in derartigen Pflanzenvereinen und auf Sandboden besonders häufig ist. Sie ist an ihren schmalen dichtstehenden Blättern und an dem Milchsaft leicht kenntlich und die Mutterpflanze des Wolfmilchschwärmers (Abb. 4). Wir gehen am Rande des Luchs weiter bis zum Ende des Papenluchs und den Bachriß als Talfortsetzung weiter. Wir kommen an ein kleines Luch, an dessen Rand sich eine Art Waldschule befindet, und kreuzen bald einen schwarzen Fahrweg. Hinter diesem treffen wir ein großes, z. T. ausgetorftes Luch, das Bogenluch, das eine ausgesprochene Verlandung durch *Typha latifolia* zeigt, den Rohrkolben. Nach ungefähr 500 m treffen wir eine flache Bucht mit etwas offenem Wasser, und bei näherer Besichtigung bemerkt man hier ganze Bestände unserer Sumpfcalla (*Calla palustris*, „Schweinekraut"). Sie sind etwas in den Gräsern und Stauden verborgen und leicht kenntlich an den eiförmigen, großen hellgrünen Blättern und den kolbenförmigen Blüten- oder Fruchtständen in dem weißen Hochblatt, wie wir es auch an unseren Topfcallagewächsen kennen. Diese Calla ist in der Mark die einzige Vertreterin der Aronsstabgewächse, von denen in West- und Mitteldeutschland noch eine Aronsstabart selbst (*Arum maculatum*) häufig anzutreffen ist. Die Sumpfcalla ist nicht gerade selten zu nennen, tritt jedoch in größeren Beständen wie hier nur an bestimmten Lokalitäten auf. Eine Anzahl der uns bereits bekannten Wassergewächse können wir natürlich auch hier wieder begrüßen. Es hat keinen Zweck, dem Luch weiter zu folgen, da es nichts Neues weiter bietet, und wir kehren daher zu dem eben überschrittenen schwarzen Weg zurück, der uns westwärts in 20 Minuten zur Station Borgsdorf an der Nordbahn führt, von wo wir die Heimfahrt antreten.

6. Exkursion: Tegeler See.

Zeit: Mitte Juli.

Die heutige Exkursion soll uns noch weiter und zur Ergänzung der Grunewald-Exkursion mit der Wasser-

und Verlandungsvegetation bekanntmachen. Wir begeben uns mit der Straßenbahn 28 oder auf einem anderen Wege nach Tegelort und mieten uns ein Boot vor dem Restaurant Heideschlößchen. Mit dem Boot fahren wir die kurze Strecke über den See hinüber, geradeaus in den Einschnitt zwischen den Inseln Scharfenberg und Baumwerder und halten uns links am Ufer der Insel Scharfenberg entlang (Südufer). Wir fahren eine kurze Strecke an dem Ufer entlang und sehen links in einer kleinen Bucht ein niedriges Röhricht, rechts in höheres Schilf u. dgl. übergehend. Wir betrachten die Vegetation dieses Röhrichtes etwas näher. Als Röhricht bezeichnet man die Gesamtheit der Bestände von Pflanzen von Schilf- oder binsenähnlicher Gestalt, die an den Seeufern den Verlandungsgürtel bilden und die Verlandung meist einleiten. Diese Rohrgewächse stehen meist in dichten Beständen, z. T. wie das Schilf zu beträchtlicher Höhe heranwachsend, und bilden als Ganzes einen recht widerstandsfähigen, wenn auch biegsamen Bestand. Der einzelne Halm ist besonders als Trageorgan eingerichtet, stellt aber als Einzelwesen keine besonders gut gestützte Pflanze dar. Dagegen vermag ein dichter Bestand derartiger Gewächse, „das Röhricht", Wind und Wellen durchaus Widerstand zu bieten, ganz ähnlich wie das Getreide auf dem Felde, dessen einzelne Halme wenig stark und widerstandsfähig sind, die sich aber gegenseitig unterstützen und dadurch ein gegen den Wind durchaus widerstandsfähiges Ganzes bilden.

An unserem Platze nun sehen wir zunächst links große Gräser, die von ziemlich zarten rispigen Blütenständen überragt werden. Es ist ein als *Glyceria aquatica* bezeichnetes Süßgras, das wir als Verlander in unseren Gewässern sehr häufig finden. Durch seine flachen Blätter, die verhältnismäßig hellgrün sind, hat es eine gewisse Ähnlichkeit z. B. auch mit dem Rohrkolben (*Typha latifolia*), den wir ebenfalls hier etwas rechts von diesem Grasbestand erblicken. Im Hintergrunde, näher dem Ufer, blüht der ebenfalls grasartige Blätter tragende Wasserliesch (*Butomus umbellatus*), leicht kenntlich an seiner hohen Blütendolde mit rosa gefärbten ziemlich großen Blüten. Die Pflanze hat neun Staubgefäße, eine ziemlich seltene Zahl

Abb. 5. *a*: Sumpfziest, Blüten rötlich (*Stachys paluster*); *b*: Igelskolben (*Sparganium ramosum*).

bei den Einkeimblättlern oder Monokotylen; die Zugehörigkeit zu dieser Pflanzengruppe zeigt sich aber bei der Pflanze deutlich durch die Dreizähligkeit in den Blütenorganen. Blicken wir etwas rechts, so sehen wir vor uns einen Bestand des gewöhnlichen Schilfs (*Phragmites communis*) mit dunklerer Farbe als die genannte Glyceria, dazwischen aber einen Bestand einer anderen sehr häufigen Röhrichtpflanze, der Wassersimse (*Scirpus lacustris*), mit runden blaugrünen Stengeln. Bestände des Schilfs und der Wassersimse kommen fast an allen Seeufern bei uns vor, mischen sich aber fast nie miteinander, so daß man an der sattgrünen und blaugrünen Farbe die einzelnen Bestände dieser Pflanzen schon leicht unterscheiden kann. Wir fahren langsam an dem Schilf entlang weiter und sehen, daß sich noch andere Wassergewächse in dem Röhricht befinden und sich in ihm stützen. Hier ist es z. B. der Igelskolben, ebenfalls mit flachen grasförmigen Blättern und rundlichen knolligen igelähnlichen Blütenköpfen (*Sparganium ramosum*, Abb. 5b). Neben diesen steht manchmal noch das Pfeilkraut, an den pfeilförmigen aus dem Wasser emporragenden Blättern leicht kenntlich, mit hübschen rosa-weißlichen Blüten und vielfrüchtigen kugeligen Fruchtständen (Abb. 6c). Weiter stützt sich hier im Röhricht ein Lippenblütler ziemlich großer Art mit viereckigen rauhen Stengeln und gegenständigen Blättern

Abb. 6. *a*: Sproß des Bittersüß, kletternd, mit lila Blüten (*Solanum dulcamara*); *b*: Wasseraloë (*Stratiotes aloides*, emporgetaucht blühend (weiß), stärker verkleinert; *c*: Blatt des Pfeilkrauts (*Sagittaria sagittifolia*).

und purpurroten, etwas blassen Blüten: es ist der Sumpfziest (*Stachys paluster*, Abb. 5a). Wir können hier noch eine Eigentümlichkeit dieser Wasser- und Sumpfgewächse erwähnen, die man beim Anschneiden der Stengel und Blätter auch z. B. der Seerosen sofort beobachtet, nämlich die Durchsetzung des Gewebes mit großen Luftkanälen oder mit lufthaltigen Geweben wie z. B. bei der Simse. Da die Pflanzen im Schlamm stehen und daher die Wurzeln schlecht durchlüftet sind, haben sie sich ein besonders stark ausgebildetes Durchlüftungsgewebe im Stengel und auch in den Blättern zugelegt. Bei dem Schilf sorgt dafür schon der hohle Stengel, der ebenfalls bei Röhrichtgewächsen häufig ist; das Schilf ist nach den Prinzipien des Bauingenieurs gebaut, der tragfähige Säulen nicht massiv, sondern hohl ausführt, da die beanspruchten Teile aufrechtstehender Konstruktionen die äußeren Teile sind und es eine unnötige Materialverschwendung wäre, — abgesehen von dem unnötig großen Gewicht, — sie massiv herzustellen. Ähnlich wie im Grunewald sehen wir auch hier vor der Röhrichtzone die Zone der Schwimmpflanzen, und zwar hier besonders die gelbe Seerose (*Nuphar luteum*), zu der sich ja oft auch die weiße Seerose gesellt (*Nymphaea alba*).

Wenn wir eine kurze Strecke an dem Röhricht entlanggefahren sind, können wir links hinter das Röhricht fahren, auf das Ufer zu. Wir werfen einen Blick in das Wasser und erblicken dort zahlreiche Exemplare einer Pflanze mit wurzelähnlich fein zerteiltem Laub, das Tausendblatt (*Myriophyllum spicatum*) und weiter auf dem Grunde die ziemlich großen Büschel der Wasseraloe oder Wasserschere (*Stratiotes aloides*). Die langen dicken grasähnlichen Blätter der Pflanze haben scharfzähnigen Rand, woher der Vergleich mit der Aloe rührt, mit der die Pflanze sonst nichts zu tun hat. Sie ist jetzt untergetaucht, steigt aber im Juni, wenn die zarten weißen Blüten erscheinen, empor und streckt die typisch dreizähligen zarten weißen Blüten aus dem Wasser heraus (Abb. 6 b); nach dem Abblühen taucht sie bis zur nächsten Blütezeit wieder unter. Ähnlich macht es das erwähnte Tausendblatt. Diese Pflanze ist ein Beispiel dafür, daß untergetaucht lebende Pflanzen vielfach sehr feinzerteilte Blätter haben. Sie bemühen sich, ihre Oberfläche möglichst zu vergrößern, um die geringen Mengen des im Wasser gelösten Sauerstoffs möglichst auszunutzen. Das gleiche macht z. B. die Sumpffeder (*Hottonia*), die weißblühenden Wasserhahnenfüße und das Hornkraut (*Ceratophyllum*). Im Gegensatz dazu zeigen die auf dem Wasser schwimmenden Pflanzen wie viele gewöhnliche Landpflanzen mit Vorliebe ganze, unzerteilte Blätter, wie z. B. die Seerosen, der rundblättrige Froschbiß usw. Den Blättern wird auf diese Weise auch das Schwimmen erleichtert. Ihre Stengel wurzeln unten im Sumpfboden. Vor dieser Schwimmpflanzenzone mit verankerten Wurzeln findet man öfter noch eine solche mit reinen Schwimmpflanzen, die also ihre Wurzeln ins Wasser hängen und nicht im Boden verankern.

Von sonstigen Wasserpflanzen ist hier noch an verschiedenen Stellen meist die Wasserpest zu sehen (*Elodea canadensis*), eine Pflanze, die bei uns wohl fast niemals blüht, sich aber nach ihrer Einschleppung aus Canada in vielen Gewässern dermaßen stark vermehrte, daß sie eine wirkliche „Pest“ und Plage bildete. Sie hat sich jetzt auf ein gewisses Normalvorkommen eingestellt. Man erkennt sie leicht an den dicht beblätterten Stengeln mit gegenständigen Blättern. Werfen wir einen Blick nach dem Ufer zu, so finden wir dort wieder unsere Glyceria, den Rohrkolben, den Wasserliesch und am Ufer, an Größe die dortigen Pflanzen meist überragend, den großen Wasserampfer (*Rumex hydrolapathum*) mit seinen großen länglichen Blättern und bräunlichen Blütenständen, den wir noch mehrfach treffen werden. Wir rudern an dem Südufer von Scharfenberg weiter und können mehrfach bis zu der scharfen Ecke der Insel den Seeboden besonders mit der als Dreissensia bekannten dreieckigen Muschel sehen. Weiter ins Wasser hinein ist der Boden, wie wir uns durch Hineinstechen mit dem Ruder überzeugen können, mit einem Schlamm bedeckt, dem sog. Faulschlamm, der viele märkische flache Seen erfüllt. Er entsteht aus den niedergesunkenen Resten der Kleintier- und Pflanzenwelt des Wassers, gemischt mit Teilen grösserer Pflanzen und Tiere sowie mit Mineralbestandteilen, besonders mit Kalk. Derartige Kalkfaulschlamme erfüllen auch bei Berlin die toten Arme und Kolke des Spreetales, die den gefürchteten schlechten Baugrund von Berlin enthalten, der sich zwar allmählich etwas konsolidiert hat, aber bei besonderen Ereignissen durch seine Nachgiebigkeit noch immer zu unangenehmen Überraschungen Veranlassung gibt. Da die Bestandteile dieses Schlammes meist nach dem Niedersinken sofort vom Sauerstoff der Luft abgeschlossen werden, so erhalten sich in ihnen manche empfindlichen pflanzlichen und tierischen Gebilde und Stoffe oft ziemlich lange, so z. B. manchmal auch der grüne Farbstoff der Pflanzen, besonders bei den kleinen Algen. Der Berliner Naturforscher EHRENBERG fand in solchem Faulschlamm zahlreiche Kieselalgenskelette mit grünem Farbstoff darin und glaubte daher, daß diese im Untergrund von Berlin noch lebten, was aber natürlich ein Irrtum war. Daß sich am Ufer selbst hier kein Faulschlamm bildet, liegt an der ständigen Bewegung und Durchlüftung des Wassers bis zum Grunde, wodurch der Sauerstoff zusammen mit der mechanischen Bewegung die organischen Verbindungen restlos zum Verschwinden bringen kann. Kurz vor der scharfen Ecke der Insel Scharfenberg sehen wir links am Ufer zwei Sumpfzypressen stehen, die wir nach den früheren Exkursionen schon an ihrem Laube wiedererkennen, und rudern noch bis zu der vorspringenden Landzunge, auf der drei Exemplare der gewöhnlichen Schwarzerle (*Alnus glutinosa*) stehen.

Wir rudern nunmehr hinüber nach der Insel Baumwerder rechts und halten auf die vorspringende Nase mit Schilf und niedrigen Erlen zu. Hier am Ufer entlangfahrend können wir unschwer noch einige weitere Verlandungs- und Sumpfpflanzen betrachten. Zunächst den Wasserschierling (*Cicuta virosa*), ein weißblühendes Doldengewächs mit gefiederten Blättern. Weiter an Lippenblütlern sind Wolfstrapp (*Lycopus europaeus*) mit kleinen unscheinbaren weißen Blüten und grobgezähnten Blättern und der schon früher erwähnte Sumpfziest mit dickem Stengel und roten Blüten vorhanden. Wie alle Lippenblütler haben auch diese gegenständige Blätter nur vierkantige Stengel. An lianenartigen Pflanzen ist nicht zu übersehen das mehrfach erwähnte Bittersüß (*Solanum dulcamara*), ferner die große Zaunwinde, ebenfalls an den andern Pflanzen emporsteigend mit großen weißen Blüten (*Convolvulus sepium*). Wir rudern weiter an dem Schilf entlang um die Ecke und finden vor dem Ende des Schilfbestandes wiederum unseren blaugrünen *Scirpus lacustris*. Beim Weiterrudern wiederholt sich das vorige; wir können also unsere Kahnexkursion beschließen und wieder nach Tegelort zurückkehren.

7. Exkursion: Falkenberg — Freienwalde.

Zeit: Mitte Juli (oder für den geologischen Teil besonders: April).

Die heutige Exkursion verfolgt verschiedene Zwecke teils botanischer, teils geologischer Art. Da außerordentlich viel zu sehen ist, empfiehlt es sich, die Exkursion in zwei Teile zu zerlegen, einen geologischen und einen mehr botanischen. Hierbei wäre der geologische auf das Frühjahr zu legen (wobei sich auch Beobachtungen über die Laubwaldflora der Gegend machen lassen) und in eine mehr botanische, die auf die oben genannte Zeit Mitte Juli zu legen wäre.

Wir benutzen die Stettiner Bahn (Sonntagsrückfahrkarten nach Freienwalde RM 3,50) und steigen zwei Stationen hinter Eberswalde in Falkenberg aus. Bald hinter der Station Eberswalde geht die Bahn über den Finowkanal weg und dann der Großschiffahrtsweg über die Bahn. Die Bahn verläuft in dem Tal bis Niederfinow und von hier ab in einem breiteren Tal, an dessen West- oder Südwestrand weiter in Richtung Freienwalde—Wriezen—Frankfurt.

Vom Bahnhof Falkenberg gehen wir der Freienwalder Chaussee nach (man kann hier einen kleinen Abstecher auf den buchenbestandenen Hügel der Karlsburg machen, mit schönem Blick auf das Tal und die gegenüberliegenden Höhen, doch ist die Aussicht stark verwachsen). Wir folgen der Chaussee bis hinter das Dorf zum Fontaneplatz, wo wir den Weg rechts abgehen, der weiter durch Villengelände führt. Rechts vom Wege begleitet uns eine ganze Weile ein kleines Fließ mit recht charakteristischem Erlenbruch, der leider jetzt eingezäumt ist. Trotzdem können wir die Untervegetation dieses Bruches hier gut verfolgen. Als Unterholz zeigt sich besonders die Hasel (*Corylus avellana*), uns schon vom Brieselang bekannt, ferner der Holunder (*Sambucus nigra*) mit doldigem Blütenstand und im Herbst schwarzen Beeren. Der im ersten Frühjahr blühende Berg- oder Traubenholunder (*Sambucus racemosa*) mit traubigem Blütenstand und roten Beeren kommt bei uns nur angepflanzt vor (häufig), ist aber in den Mittelsgebirgswäldern sehr verbreitet. Außerdem sind eine Anzahl Farnkräuter von büschelförmigem Wuchs bemerkbar, wie auch sonst in feuchten Wäldern, und zahlreich die zweihäusige Nessel, *Urtica dioica*, nicht die kleine Brennessel (S. 81). Besonders zahlreich bemerkt man, auch am Zaune, den sich überall emporringenden Hopfen (*Humulus lupulus*), der mit seinen schön gelappten Blättern recht dekorativ wirkt. Derartige Brüche mit nicht zu nassem Boden sind die eigentliche Heimat des Hopfens und heißen oft direkt Hopfenbrücher. Auch Ortsnamen hängen damit zusammen, wie z. B. Hopfengarten bei Bromberg, Groß-Hoppenbruch (Ostpreußen) usw. Eine andere Liane derartiger Brücher ist die Zaunwinde (*Convolvulus sepium*), die auch hier mit ihren großen weißen glockenförmigen Blüten uns nicht entgeht, sowie als holzige Liane das Bittersüß (*Solanum dulcamara*), mit violetten kartoffelähnlichen Blüten, das auch in der Tat zur selben Gattung wie die Kartoffel gehört.

Der Weg steigt allmählich auf die Höhe, z. T. durch kleine Hohlwege. Auf der Höhe finden wir einen Wegweiser nach dem Bismarckturm („Toggenburg"), dem wir folgen. Die starke Schluchtenbildung im Gelände, „die Bergigkeit", zeigt uns deutlich, daß hier ehemals gewaltige Wassermassen ihre auswaschende Tätigkeit (Erosion) ausgeübt haben, und das dem so war, wird uns beim Anblick des alten breiten Odertales sofort klar. Überall sehen wir größere und kleinere Schluchten in das Haupttal ausmünden und haben noch weiterhin Gelegenheit, die enorme Zerrissenheit und Zerschlüchtung der Hochflächen nach dem großen Tal zu wahrzunehmen, in dem sich alle die von der Hochfläche kommenden Wassermassen (Abschmelzwässer des Inlandgletschers) sammelten. In weiterer Entfernung vom Talrand ist das Terrain viel ruhiger; die Hochfläche zeigt die S. 4 erwähnte Grundmoränenlandschaft mit schwach welligen bis sanft hügeligen Oberflächenformen.

Wir besteigen den Turm. Das mächtige Tal, das wir vom Turm zu unseren Füßen erblicken, ist das alte Weichsel-Odertal, jetzt fast ganz (einzelne Wasserläufe und Altwässer sind noch da) verlandet und von den fruchtbaren Wiesen und Äckern des Oderbruches ausgefüllt. Wirft man einen Blick auf eine Karte, so bemerkt man, daß die Oder (der eigentliche Strom ist hier nicht sichtbar, sondern fließt weit hinter den Höhen der gerade aus sichtbaren „Neuenhagener Insel", von der noch die

Rede sein wird) gerade an der Stelle, wo wir uns befinden, aus ihrer bisher im ganzen nordwestlichen Stromrichtung plötzlich nach NNO umschwenkt, eine Richtung, die sie dann bis zu ihrer Einmündung in die Ostsee beibehält. In vielleicht noch auffälligerem Grade zeigt dieselbe Erscheinung die Weichsel weiter im Osten bei der Stadt Bromberg.

Diese Erscheinung hängt mit der Vereisung des norddeutschen Flachlandes zusammen, die gerade in unserem Exkursionsgebiet sehr sichtbare Spuren hinterlassen hat. Am Ende der letzten Vereisung[1] wurden beim Rückzug des Eises gewaltige Wassermassen frei, die einen Abfluß in das Meer suchten. Der Rand des Inlandeises erstreckte sich im großen und ganzen in ostwestlicher Richtung, und daher strömten die Schmelzwässer parallel dem Eisrand im ganzen in westlicher Richtung, schließlich im nördlichen Teil des heutigen Elbtales in die Nordsee. Da der Eisrand in den verschiedenen Eiszeiten bald mehr südlich, bald mehr nördlich lag, so bildeten sich mehrere Hauptabflußtäler der Schmelzwässer, von denen eines immer weiter nördlich als das andere lag. Man nimmt meist vier solche Urstromtäler an. Die beiden größten sind das Warschau-Berliner Haupttal, dessen Lauf zunächst eine kurze Strecke im heutigen Weichseltal, dann durch das Warthetal von Kolo bis Schrimm markiert wird, dann sich über den Obra-Bruch — das Odertal etwa von Züllichau bis Fürstenberg a. O., dann über das Spreetal über Fürstenwalde durch das Havelländische Luch bis zum Elbtal verfolgen läßt. Noch deutlicher sind vielleicht die Spuren des Thorn-Eberswalder Haupttales, dessen Lauf durch das Weichseltal von Warschau bis Thorn, den

[1] Die Eisbedeckung dauerte nicht gleichmäßig während der ganzen Eis- oder Diluvialzeit an, sondern wurde mehrfach von milderen Zeiten, wo sich das Eis weiter nach Norden zurückzog, unterbrochen. Die Vegetation dieser Zwischeneiszeiten (Interglazial) war ähnlich der heutigen.

Netzebruch, Warthebruch, Oderbruch, Finowkanal, Rhin leicht gekennzeichnet wird. In der Nähe der Einmündung des (südlicheren) Berliner Haupttales mündet es ebenfalls in das Elbtal; zwischen beiden Tälern ist das Ländchen Bellin als schmaler Streifen von der Erosion verschont geblieben. Später durchbrachen eine Anzahl Wasserarme als Querverbindungen die Scheiden zwischen beiden Tälern, die heute noch z. T. leicht auffindbare Flußläufe sind. Schließlich bei weiterem Rückzuge des Eises und der Eisfreiwerdung der Ostsee suchte ein Teil der sich weiter zerstückelnden Schmelzwässer einen näheren Weg in die Ostsee, und diesen Vorgängen verdanken die plötzlichen, oben erwähnten nördlichen Abknickungen der Oder und Weichsel ihre Entstehung. Auf die weiteren Urstromtäler weiter südlich (Baruther und altes Elbtal, im Norden das Nordpommersche Keilhacks) brauchen wir nicht weiter einzugehen. Das Berliner Haupttal hat für uns besonderes Interesse, weil die Hauptstadt daran liegt; von dem Thorn-Eberswalder sehen wir einen Teil zu unseren Füßen liegen. Die nördlichen Hänge dieses alten Weichseltales werden durch den in der Ferne an dem Aussichtsturm leicht kenntlichen Pimpinellenberg bei Oderberg gekennzeichnet. Die gerade gegenüber sich erhebenden Höhen gehören der sog. Neuenhagener Insel an, die allseits von dem alten Weichsel- und Odertal umgeben ist. Der heutige Oderknick hinter der Neuenhagener Insel verdankt seinen Ursprung einem Durchstich, den Friedrich der Große machen ließ; die Oder („Alte Oder" der Karten) floß zwischen Freienwalde und der Insel (daher: Freienwalde a. O.). Dieser kleine lokale Eingriff hat natürlich an dem Gesamtbild des „Oderknicks" nichts geändert.

Wie die Täler im festen Gebirge, so unterliegen auch die Täler in den losen Bildungen der Ebene der allmählichen Tieferlegung. Das können wir auch hier beobachten, und es hängt besonders damit zusammen, daß die Schmelzwässer des Inlandeises an Menge allmählich abnahmen. Bei der Tieferlegung des Flußbettes bleiben dann oft an den Talrändern Stücke des alten, höheren Talbodens stehen, und wenn sich dieser Vorgang der Flußbetteintiefung mehrfach wiederholt, so erhält man schließlich an den Talrändern gewissermaßen Stufen wie an einer Terrasse. Im alten Odertal hat die genaue Aufnahme drei verschiedene „Talterrassen" nachgewiesen, allerdings nicht in lückenlosem Verlauf, da ein großer Teil davon später fortgewaschen worden ist. Ein Stück einer solchen Hochterrasse, durch den ebenen plateauartigen Charakter ausgezeichnet, können wir von unserem Standpunkte deutlich erkennen. Das Bahngeleise im Tal verläuft schnurgerade auf das durch seine Kirche leicht erkennbare Dorf Niederfinow zu. Gerade über dem Dorf können wir deutlich das Niveau der dort allein erhaltenen höchsten Talterrasse in ziemlicher Ausdehnung verfolgen; der Plateaurand fällt durch seine Ebenheit sehr auf. Weitere auch niedrigere Terrassenreste übergehen wir hier; sie mögen auf der geologischen Karte aufgesucht werden.

Eine weitere Erscheinung, die die Eiszeit hinterlassen hat, sind die Endmoränen, die das Landschaftsbild der Gegend auf weite Erstreckung hin hier bestimmen. Beim Abschmelzen des Eises traten Perioden ein, bei denen der Eisrand im ganzen weder vorwärts noch rückwärts ging, d. h. bei dem sich das Vorwärtsfließen und Rückschmelzen des Eises die Waage hielt. In solchen Perioden wurde ein großer Teil des Gesteinsmaterials, das das Eis mitbrachte, auf einem ungewöhnlich kleinen Areal zu richtigen höheren Dämmen aufgehäuft, so daß auch die sonst in der Grundmoräne mehr verteilt abgelagerten Blöcke hier oft eine derartige Aufhäufung erfuhren, daß stellenweise Block an Block liegt. Man spricht daher bei diesen Endmoränen geradezu von Blockpackung. Diese ist in der Joachimsthal-Chorin-Oderberger Gegend noch häufig zu sehen, wiewohl infolge jahrhundertelanger industrieller

Ausnutzung nicht mehr so häufig wie früher (Hüttendorfer Steinbrüche bei Joachimsthal noch in Betrieb). Andere Endmoränen zeigen wenig oder keine Blockpackung; die verschiedenen Arten der Endmoränen besprechen wir jedoch hier nicht näher. Der Name „Endmoräne" oder im Gebirge „Stirnmoräne" versteht sich für diese Ablagerungen des Gletscherkopfes ohne weiteres. Sie sind deutlich bogenförmig angeordnet und nur ein kleiner Teil des oder der gewaltigen Endmoränenzüge, die von Schleswig-Holstein durch Mecklenburg, Pommern bis nach Ostpreußen schon auf der Landkarte verfolgbar sind (Baltischer Höhenrücken).

Die Endmoränenzüge wirken oder wirkten zugleich stauend für die Schmelzwassermassen dahinter. Große Stauseen bildeten sich im Hinterland der Endmoräne, wie der Paarsteiner See nördlich Oderberg, der Grimnitzsee bei Joachimstal. Gewaltige Wassermassen traten schließlich über die Endmoräne hinaus oder durchbrachen sie und häuften im Vorlande Massen von Sand und Kies auf. Auf der bereits vorhin erwähnten Terrasse von Niederfinow sieht man einen solchen „Sandr" in ziemlich charakteristischer Ausbildung, eine ziemlich trostlose unfruchtbare Landschaft bildend. Auch Rinnenseen wurden im Vorlande der Endmoräne von diesen Wassermassen ausgestrudelt. In unserer Gegend ist besonders der Werbellinsee als Beispiel dafür bekannt. Man vergleiche auf einer Landkarte die Form des Werbellinsees vor der Endmoräne mit der des runden und flachen Grimnitzsees hinter dieser. Die Verschiedenartigkeit der dadurch bedingten Landschaft und Vegetation kann man auch bei der Bahnfahrt von Eberswalde nach Angermünde beobachten, wo man Talsand, Endmoräne, Stausee (Station Chorin) kreuzt und schließlich im Hinterland der Endmoräne in die wellige fruchtbare Grundmoränenlandschaft kommt. Noch deutlicher zeigt sich das Bild vielleicht bei der Fahrt von Berlin nach Norden. Man durchfährt bis Oranienburg das

Gebiet des Talsandes, dann etwas Grundmoränenlandschaft etwa bis Gransee. Hinter Fürstenberg beginnen endlose Kiefernwälder (Sandrgebiet) bis hinter Neustrelitz. Nördlich davon in der Nähe der Station Blankensee beginnt der Zug stark zu steigen und durchschneidet die mecklenburgische Endmoräne mit dem Städtchen Burg Stargard, eine fast mittelgebirgsähnliche Landschaft. Dahinter fällt er durch das Neubrandenburger Grundmoränengebiet in die vorpommersche Tiefebene.

Wir gehen nun vom Bismarckturm zu dem Punkt auf der Höhe zurück, wo wir nach dem Turm abgebogen waren. Es geht nun unseren alten Weg geradeaus weiter (also jetzt links), in einen zunächst sehr schattigen Hohlweg hinunter, der aber bald lichter wird und den Anfang einer größeren Erosionsschlucht bildet (rote wagerechte Zeichen). Im oberen schattigen Teil der Schlucht Laubwaldflora; wir werfen einen Blick auf die zahlreiche Farne dort am Hange. Der größere Büschelfarn ist der Wurmfarn (Abkochung zum Bandwurmabtreiben benutzt) oder männliche Waldfarn (*Aspidium filix mas*); daneben fällt uns ein kleinerer sehr zarter Farn auf, der Blasenfarn (*Cystopteris fragilis*). Außer diesen beiden wächst noch am Hang der derbe kleine gewöhnliche Tüpfelfarn, Mädelsüß oder Engelsüß (*Polypodium vulgare*), die einzelnen Stengel meist etwas herabhängend, an dem man besonders deutlich unterseits die runden nackten Sporenhaufen sehen kann. Wir machen dann weiter unten im lichten Teil des Hohlweges bei Stein 54,2 a Halt. Der Hang links ist licht und mit Kiefern bestanden, rechts schattiger Laubwald; um die interessanten Vegetationsverhältnisse dieses Punktes etwas näher zu betrachten, machen wir hier einen längeren Halt.

Der Hohlweg läuft in der Richtung W—O, die beiden hohen steilen ihn begrenzenden Hänge liegen also nach Norden und Süden. Der erstere bekommt daher fast gar keine Sonne, während der andere kiefernbestandene fast den ganzen Tag durchsonnt wird. Dazu kommt wohl, daß nennenswerte Windbewegungen in dieser stillen Schlucht kaum bemerkbar werden. Die Vegetation beider Hänge ist daher so grundverschieden, daß fast keine von den Pflanzen des einen Hanges trotz der unmittelbaren Nachbarschaft auf dem anderen wächst. Auf dem schattigen Nordhang mit Laubholz bemerken wir z. B. als typische Schattenpflanze den Sauerklee (*Oxalis acetosella*) und andere Schattenpflanzen. Der andere Hang dagegen trägt Steppenvegetation und ist ein fast typischer ,,pontischer Hang", wenn auch die Reinheit des Pflanzenvereins hier durch den stark sandigen Boden etwas beeinträchtigt wird. Derartige Standorte werden als sonnige oder pontische Hügel bezeichnet, treffender wäre wohl steppenartige Standpunkte. Diese Hänge tragen nämlich bei uns Steppenpflanzen.

Als Steppe bezeichnet man ein meist ebenes, fast baumloses gras- und kräuterbewachsenes Gelände mit fruchtbarem Boden, dessen Vegetation meist kalte Winter, kürzere Niederschlagsperiode, sehr heiße Sommer mit wenig Regen hat. In Europa finden sich derartige Steppengebiete in Ungarn bis nach Wien hinauf, in Rußland usw. Bei uns selber kann sich die Steppenflora nur auf besonders begünstigten heißen Stellen ansiedeln. Diese Stellen sind die trockenen Südhänge von Hügeln oder Plateaus. Die Besonnung ist hier außerordentlich stark, das Wasser fließt schnell ab, der Hang ist nach Norden gegen kältere Winde geschützt. Eine solche ,,Riviera" guter Ausprägung ist bei uns z. B. die Gegend von Liepe—Oderberg, die Höhen von Bellinchen an der Oder. Ein Blick auf die Karte zeigt, warum. Bedingung für das Gedeihen dieser Vegetation ist allerdings ein gewisser Kalkgehalt im Boden. Purer Sand zeigt eine andere und außerordentlich dürftige Vegetation, von der bei der Exkursion Nr. 8 die Rede ist. Derartige Hänge sind von den Mönchen früher als Weinberge benutzt worden, und man braucht sich bloß die Karte der Mark darauf anzusehen, wieviele derartige Hügel den Namen Weinberg bekommen haben. Auch in Berlin, Spandau, Potsdam erinnern noch Namen an diese Weinkulturen (Weinbergsweg, Weinmeisterstraße).

Wir sehen uns nun einmal eine Anzahl der Vertreter dieses Steppen- oder pontischen Pflanzenvereins an, indem wir den sonnigen Kiefernhang hinaufklimmen. Die schönste Pflanze ist vielleicht die blaublühende Salbei (*Salvia pratensis*, Blüten ähnlich wie beim Sumpfziest, Abb. 5 a) aus der Familie der Labiaten oder Lippenblütler wie unsere Taubnessel. Ihre eigentümliche Bestäubungseinrichtung mit den beweglichen Staubgefäßen tritt sofort in Funktion, wenn man mit einem Grashalm in die Blüte hineinfährt, wodurch die Staubfäden herauskommen. Zur selben Familie gehört die weißblühende Ziestart, *Stachys rectus* (vgl. Abb. 5 a). Mit unserer Kornblume verwandt ist die rotblühende rheinische Flockenblume, *Centaurea rhenana* (Abb. 7 a), mit feinen grauen Blättern. Ebenfalls rot blüht die in unserem Pflanzen-

Abb. 7. *a*: Rheinische Flockenblume (*Centaurea rhenana*), purpurn; *b*: Ähriger Ehrenpreis (*Veronica spicata*), blau, verkl.

verein gewöhnliche vertretene Karthäusernelke oder Pechnelke (*Dianthus carthusianorum*, Abb. 8a). Ein weißblühendes ziemlich großes Doldengewächs mit petersilienartig krausen Blättern kann man hier nicht verfehlen (*Peucedanum oreoselinum*). Eine recht auffällige Pflanze ist weiter die Kronwicke (*Coronilla varia*, Abb. 9), ein Schmetterlingsblütler mit zarten weißlich-rosafarbenen Blüten. Rötlich blüht auch der allbekannte Thymian oder Feldkümmel (*Thymus serpyllum*). Wie viele Lippenblütler enthält er ätherische Öle, und die Blätter riechen beim Reiben stark danach. Erwähnen können wir noch ein Gras mit schmalwalzenförmiger Ähre (*Phleum böhmeri*), dem gewöhnlichen Lieschgras (*Phleum pratense*) der Wiesen ähnlich, aber kleiner und lockerrispig. Verschiedentlich erblickt man Spargelkraut; der wilde Spargel gehört ebenfalls zu den Angehörigen dieses Vereins. Schließlich wollen wir noch eine Anzahl sukkulenter Pflanzen erwähnen, d. h. solche, die sich durch Fleischigkeit der Blätter auszeichnen und sich damit etwas den Kakteenformen nähern. Es sind die verschiedenen Fetthennen und der Mauerpfeffer, die unter derartigen Bedingungen gedeihen und durch das Aufstapeln von Was-

Abb. 8. *a*: Karthäusernelke (*Dianthus carthusianorum*) rot. *b*: Mauerpfeffer (*Sedum acre*), gelb; *c*: große Fetthenne (*Sedum maximum*), Bl. grünlich.

sermengen in den Blättern und die Ausbildung dicker Blatthäute die Verdunstung herabsetzen. Wir finden hier sowohl den gelbblühenden kleinen Mauerpfeffer (*Sedum acre*, Abb. 8 b), als auch den größeren (*Sedum reflexum*) mit längeren lockeren Blättern, von denen früher eine Varietät als Gemüse gezogen wurde (*Trippmadam*), und schließlich die große Fetthenne (*Sedum maximum*) mit breiten fleischigen Blättern (Abb. 8 c). Nach dem Gipfel zu wird der Hang immer sandiger und trägt dann das charakteristische Gras unserer Binnendünen, das Pfeifengras (*Calamagrostis epigeios*), das man auf jeder Exkursion unter ähnlichen Verhältnissen sieht. Die alleruntersten Teile des Hanges zeigen noch keine Steppenflora, weil sie feuchter sind und die kalte feuchte, in der Schlucht herabfallende Luft und die geringere Besonnung hier besondere Bedingungen schafft.

Abb. 9. Kronwicke (*Coronilla varia*), weißrötlich.

Wir gehen den Hohlweg weiter gerade hinunter durch hohe Buchen bis zur Kolonie der Ziegelei. Trotz des reinen Buchenbestandes erblickt man hier keine Unterflora und kein Unterholz, eine Folge der starken Abschneidung des Lichts durch die Buchenkronen und der starken Laubschüttung. Am Hang rechts kommt eine Quelle heraus, ein Zeichen, daß hier im Hange unter durchlässigem

Sande ein lehmiger Untergrund vorhanden ist, der das Wasser trägt und es in der Schlucht heraustreten läßt.

Wir treten in das offene Tal der Kolonie ein, wo uns die Aufschlüsse der Ziegelei Gelegenheit geben, etwas von der alten Braunkohlenformation und einige andere geologische Erscheinungen anzusehen. Wir sehen sofort beim Austritt aus dem Walde gegenüber grauen Sand auf der Höhe: Es ist der Glimmersand der älteren bei uns vorhandenen Tertiärstufe, des oberen Oligozäns, der auch z. B. in der Silberkehle bei Buckow heraustritt. Der Sand liegt hier z. T. auf dem braunen Lehm der eiszeitlichen Bildungen oder des Diluviums, also auf bedeutend jüngeren Schichten als er selbst darstellt. Die Ursache dieser umgekehrten Lagerung werden wir noch kennenlernen. Die jüngere Braunkohlenformation mit den märkischen Braunkohlen kommt bei Freienwalde auf der Hochfläche vielfach zutage und auch Braunkohlengruben haben sich dort befunden. Bei dem hier aufgeschlossenen Tertiär handelt es sich, wie bereits gesagt, meist um ältere oligozäne Schichten, während die Braunkohle den jüngeren miozänen angehört.

Wir bitten die Ziegeleileitung, wenn wir die Grube näher ansehen wollen, um die Erlaubnis, die Tongrube betreten zu dürfen und folgen dem Geleise, das uns zunächst durch braune sandige Tone führt, von Braunkohlenpartikeln braungefäbt. Weiterschreitend kommen wir in die eigentliche Tongrube mit dem grauen Ton, dem sog. Septarienton, von dem wir einige Spuren schon auf der Exkursion nach Lübars gesehen hatten. Es ist eine Meeresablagerung, in der man auch manche Fossilien, Muscheln und Schnecken, sammeln kann oder konnte, bestimmt aber die mikroskopisch kleinen Foraminiferen herausschlämmen kann (Abb. 10).

Der Septarienton ist hier noch ziemlich reich an den sog. Septarien, großen kugelförmigen Knollen mit einer Art Kammerung inwendig, durch Schrumpfungserscheinungen hervorgerufen. Auf den freien Wänden der Kammern haben sich oft Kristalle, namentlich von Kalkspat usw. ausgeschieden. Die Septarien liegen auf dem Boden der Grube in Menge zerschlagen herum. Die braunen

a *b* *c*

Abb. 10. Oben: Blatt des Huflattichs (*Tussilago farfara*); darunter Fossilien des Septarientons; *a*: *Axinus unicarinatus* *b*: *Leda Deshayesiana*; *c*: *Pleurotoma Selysii* (Schnecke).

Tone sind früher als Alauntone geröstet und zur Alaungewinnung ausgelaugt worden; sie sind jünger als der Septarienton.

Interessant sind die in der Grube fast immer zu beobachtenden starken Störungen in der Lagerungsweise der Tone, des Diluviums, der Glimmersande usw. Man erkennt hier unschwer, daß starke Faltungen und Bewegungen der Massen stattgefunden haben, da die regelmäßige horizontale Lagerung an vielen Stellen gestört und manchmal die normale Schichtenfolge umgekehrt erscheint, wie schon eben erwähnt. Die Faltungsvorgänge, die Verschiebungen in den Erdschichten, die wir hier sehen, werden in Zusammenhang gebracht mit der Wirkung des Druckes bei dem Vorschieben des Eises, das auch den tiefen Untergrund bis zu gewissem Grade in Mitleidenschaft zog und die tiefergelagerten Erdschichten emporpreßte, so daß sie hier sogar zutage kommen.

Nach Besichtigung der geologischen Verhältnisse der Ziegelei, die uns viel mehr zeigt als die kümmerlichen Reste des Vorkommens bei Lübars, setzen wir unseren Weg weiter fort. Man kann nun entweder links das Tal mit der Kolonie hinunter zum Schweizerhaus gehen und von da die Chaussee nach Freienwalde. Wer den etwas längeren aber schöneren Weg nicht scheut, geht zum Ausgangspunkt der Buchenschlucht zurück und folgt dem Wegweiser Teufelssee—Waldschänke. Es geht nun im folgenden ständig auf und ab, und es wird uns auf diese Weise zwanglos oder zwanghaft die Erosionstätigkeit der Schmelzwässer zum Bewußtsein gebracht, die mit der Nähe des Odertales zusammenhängt. Wir kommen weitergehend zunächst durch die braunen Alauntone und dann durch den grauen oberoligozänen Glimmersand und beobachten auch besonders starke Ausstrudelungswirkungen der Schmelzwasser des ehemaligen Inlandeises. Der bald erreichte Teufelssee ist gestaut; hinten im Hintergrunde ein Erlenbestand, der das Vorhandensein eines Fließes anzeigt. Wir gehen immer den Wegweisern wie bisher nach, kommen an einem Forsthaus vorbei, dann immer steigend auf die Hochfläche (Kahlschlag), die uns an der Oberfläche wieder deutlich den Geschiebelehm zeigt, dann durch schönen Mischwald mit Laubwaldflora abwärts, dann wieder aufwärts bis zum Wegweiser Forsthaus Sparrenbusch. Wir steigen wieder scharf zur Hochfläche auf und hören bereits an den Autos bald den Lärm der Berlin—Freienwalder Chaussee. Kurz davor kommen wir durch große Besenginsterbestände (*Sarothamnus scoparius*). Dieser ist eine typisch Kieselboden liebende Pflanze (S. 49). Die Hochfläche hat in der langen Zeit ihres Bloßliegens durch Regen usw. den Kalkgehalt verloren und wirkt daher häufig wie Kieselboden. Wir kreuzen die Chaussee, das Forsthaus unmittelbar rechts liegen lassend, und kommen zum Eingang des „Düsteren Grunds", einer Seitenschlucht des Freienwalder Brunnentals. Oben in der Schlucht sehen wir auffallend viel Buchenfarn, mit schwarzem Stengel und dreiteiligem zarten Blatt (*Phegopteris dryopteris*), der namentlich im Frühjahr durch sein zartes Grün sehr auffällig ist. In dieser romantischen dicht beschatteten Schlucht haben wir Gelegenheit, die Art ihrer Entstehung noch genauer zu studieren. Wir machen noch im oberen Teil einen Augenblick Halt und sehen, daß die Erosion der Schlucht in zwei Etappen vor sich gegangen ist, eine ältere, die die sanft geneigten Böschungen, die bis zur Hochfläche sich erstrecken, ausnagte, und eine zweite „Nachtiefung", bei der die an Menge geringer gewordenen Wassermengen in diese sanfte Schlucht noch eine tiefere steile einschnitten, gewissermaßen eine obere ältere und jüngere tiefere Talstufe herausmodellierend („Terrassen", S. 66). Wir sehen hier in kleinem Maßstabe, was wir in den höheren Gebirgen in viel großartiger Weise sehen, wo die berühmten verschiedenen Klammen oder Engschluchten fast alle in ein derartiges ähnliches sanfteres Tal eingeschnitten sind. Schon in der Sächsischen Schweiz, überhaupt an gewissen Stellen der Mittelgebirge, findet man diese Verhältnisse deutlicher ausgeprägt. Weiter hinunter in der Schlucht, in der übrigens zahlreiche Geschiebe herumliegen, ist dann die „Obere Talstufe" vom Boden der Schlucht nicht mehr zu sehen, da die Nachtiefung zu weit heruntergeht.

Wir kommen in das Brunnental, ein meilenlanges Trockental, das sich von Süden nach Norden zum Odertal herunterzieht und zahlreiche Seitentäler und Schluchten aufnimmt. Alle diese Täler und auch das Brunnental bis auf den vordersten Teil sind vollständig trocken, da sich die Schmelzwassermengen ja längst verlaufen haben; sie geben aber ein beredtes Bild von dem Wühlen der Wassermengen, die von dem Eise herunterkamen, das auf der Hochfläche nördlich Freienwalde etwa 120 m hoch lag und all die zahllosen Schluchtentäler des Gebietes ausgenagt hat. Auch nach Süden zu lassen sie enorme Erosionstätigkeit erkennen und ihnen verdanken die berühmten Rinnentäler des Blumenthal (Gamenrinne, Lattseerinne) ihre Entstehung.

8. Exkursion: Mittenwalde, Machnower Weinberg.

Zeit: August.

Wir fahren mit dem Vorortzuge bis Königswusterhausen (Stadtbahnhof oder Görlitzer Bahnhof) und von dort vom Kleinbahnhof hinter dem Staatsbahnhof mit der Kleinbahn bis Station Mittenwalde-Ost. Da nur wenige Züge am Tage auf dieser Strecke verkehren (Sonntags einige mehr), so muß man sich vorher den Fahrplan der Kleinbahnzüge ansehen. Im übrigen läßt sich die Exkursion sehr gut an einem Nachmittag ausführen, z. B. an einem Sonnabendnachmittag, wo man die Sonntagskarte benutzen kann. Auch für die Rückfahrt muß man sich einrichten.

Aus dem Bahnhof tretend, gehen wir links die Chaussee in Richtung der Stadt. Wir kommen zuerst an die Baruther Vorstadt (geradeaus Feuerwehrübungsturm). Vor dem ersten Hause links Nr. 1 gehen wir links den Hügel hinauf. Wir haben hier Gelegenheit, uns davon zu überzeugen, daß die Gegend von Mittenwalde, besonders die warmen Hügelhänge, reichlich mit Steppenflora durchsetzt sind. Auf dem brachliegenden Teil auf dem Gipfel des Hügels und beim Aufstieg begrüßen wir eine ganze Anzahl der bereits bei Freienwalde beobachteten Angehörigen der Steppenflora, nämlich z. B. den schönen blauen

Abb. 11. *a*: Blaue Jasione (*Jasione montana*); *b*: Stück des Feldbeifußes *Artemisia camprestris*); *c*; Sandsauerampfer (*Rumex acetosella*).

ährigen Ehrenpreis (*Veronica spicata*, Abb. 7b), die rheinische Flockenblume (*Centaurea rhenana*), die blaue Skabiose. Außerdem kann uns hier nicht eine sparrige schmalblättrige, gelbblühende ziemlich große Komposite entgehen: *Chondrilla juncea*, ferner die Karthäusernelke (*Dianthus carthusianorum*), der Thymian, und die kleeartigen Luzernen[1] mit ihren gelben oder blauen kleinen Schmet-

[1] Bei den Luzernen (*Medicago*) kann man den interessanten Bestäubungsapparat probieren. Fährt man bei den Blüten, bei

terlingsblüten. Ferner machen sich bemerkbar die ziemlich großen Büsche unserer gewöhnlichsten Beifußart mit sehr viel feinzerteilten Blättern: *Artemisia campestris* (Abb. 11b). Die Grasflur ist weiter bedeckt mit Grasnelken (*Armeria vulgaris*), die mit ihren hellpurpurnen kopfigen Blütenständen und den schmalen grasartigen Blättern allbekannt sind. Sie haben übrigens mit Nelken nichts zu tun, sondern sind verwandt mit den Primelgewächsen, und beim Betrachten einzelner Blüten aus dem Kopf erkennt man äußerlich eine gewisse Ähnlichkeit mit Primelblüten. Der Pflanzenverein hier ist nicht rein, sondern besonders beim weitern Aufsteigen geht er mehr und mehr in Sandflora über, und die genannte Artemisia ist auch keine reine Steppenpflanze, sondern mehr Ackerunkraut. Trotzdem sind auf diesem Punkte und auch auf dem benachbarten Hügel die Vertreter der Steppenflora als besonders hervortretend zu bezeichnen. Von ihnen finden wir hier oder auf den benachbarten Hügeln auch noch andere Vertreter, so z. B. die von uns von Freienwalde ebenfalls bekannte Kronwicke (*Coronilla varia*) u. a. (S. 72). Wir gehen auf demselben Wege den Hügel wieder herunter und sehen nach ein paar Schritten auf den Feuerwehrturm zu links das Mittenwalder Scheunenviertel liegen und gehen auf der Straße in dieses hinein. Der Zweck dieses Abstechers ist die Besichtigung der dort vorhandenen Bestände von Ruderalflora. Unter Ruderalflora versteht man eine Gemeinschaft von Gewächsen, die auf übermäßig gedüngten und übersättigten Böden gedeihen. Derartige Plätze befinden sich fast regelmäßig an Dorfstraßen, auch in Scheunenvierteln wie hier, die von Menschen und Tieren viel begangen werden, auf Schuttplätzen, wo Abfall-

---

denen die Staubgefäßbündel noch hinter den Blütenblättern versteckt liegen, mit einem Grashalm oder spitzen Bleistift in die Blüte in der Mitte tief hinein, so wird durch diesen Reiz das Staubfadenbündel herausgeschleudert und der hineingesteckte Halm, in der Natur also das honigsuchende Insekt „bestäubt".

stoffe verschiedener Art eine übermäßige Düngung des Bodens herbeiführen, die nur bestimmte Pflanzen vertragen oder suchen usw. Obgleich diese Plätze verständlicherweise keineswegs als angenehme Orte zu bezeichnen sind, bietet ihre Pflanzenwelt doch viel Interessantes und manchmal auch schöne und interessante Pflanzenformen.

Abb. 12. Ruderalpflanzen. *a*: Rauke (*Sisymbrium officinale*), gelb; *b*: Malve (*Malva neglecta*), rosa; *c*: Klettkraut (*Galium aparine*).

Die Pflanzenformation, die mit den Ruderalpflanzen am nächsten verwandt ist, bieten die Ackerunkräuter, und viele Formen sind beiden Pflanzenvereinen gemeinsam. Dies versteht sich wohl aus den etwas ähnlichen Bedingungen beider Pflanzenvereine, die beide ja „Kulturvereine" sind und der menschlichen Tätigkeit ihren Ursprung verdanken.

Wandern wir an den Scheunen entlang, so ist es nicht schwer, etwa die folgenden Pflanzenformen zu beobachten.

An Sträuchern ist es fast nur der Hollunderstrauch (*Sambucus nigra*), der sich in dieser Gesellschaft wohl fühlt und hier mehrfach zu finden ist. Besonders häufig sind ferner die beiden Nesselarten. Die große zweihäusige Nessel (*Urtica dioica*), die wir schon aus den ebenfalls nahrungsreichen Bruchwäldern kennen, und die kleine echte Brennessel (*Urtica urens*) mit stark buchtig gezähnten Blättern, die nur als Ruderalpflanze vorkommt. Eine Pflanzenfamilie, die hier stärker vertreten ist, bilden die Kreuzblütler oder Kruziferen in verschiedenen Arten und Gattungen, von denen wir nur das allbekannte Hirtentäschel (*Capsella bursa pastoris*) nennen, ferner das kleine *Lepidium ruderale*, mit sperrigen Zweigen und dichtstehenden kleinen rundlichen Früchten (übelriechend), sowie verschiedene gelbblühende Kreuzblütler, von denen nach Abb. 12a z. B. die Raukenart *Sisymbrium officinale* auch hier leicht zu finden ist. Von Nelkengewächsen kommt hier wohl fast nur die weiße Lichtnelke vor (*Melandryum album*, Abb. 13c), ein typischer Nachtblütler, auch als Ackerunkraut bekannt. Gemein pflegt eine kleine Malve zu sein (*Malva neglecta*) (Abb. 12b) mit kleinen hellpurpurnen Blüten; ferner vermißt man sicher nicht eine der Taubnesselarten (besonders das weiße *Lamium album* mit ziemlich großen Blüten und als weiteren Lippenblütler mit rötlichen Blüten eine sich oft an der Wand oder zwischen anderen Pflanzen emporstützende taubnesselartige Pflanze mit schmutzig dunkelgrünen Blättern *Ballota nigra*, deren Blätter beim Reiben einen unangenehmen Geruch verbreiten. Die Lippenblütler haben ja in den Blättern meist stark aromatische Öle, die beim Reiben der Blätter durch ihren Geruch hervortreten; oft ist es ein Wohlgeruch, oft das Gegenteil. Besonders aromatisch riechen die Blätter des Thymian, der Salbei, verschiedener Gartenlippenblütler wie die Zitronenmelisse, die verschiedenen Minzen, und am stärksten aromatisch sind gewisse Lippenblütler in den südlichen Ländern, wie Lavendel, andere Salbeiarten usw. Die Kompositen oder Korbblütlerfamilie sind in unserem Verein auch stärker vertreten und die auffälligsten sind wohl verschiedene Disteln, oft sehr dekorative Pflanzen, und die große Klette (*Lappa maior*),

Abb. 13. *a*: Vogelknöterich (*Polygonum aviculare*), niederliegende „Trampelpflanze“; *b*: weiße Melde (*Chenopodium album*; *c*: weiße Lichtnelke (*Melandryum album*).

die auch hier mehrfach herumsteht. Besonders charakteristisch sind hier auch Angehörige der Meldenfamilie oder Gänsefußgewächse, von denen Chenopodiumarten (Abb. 13b; auch Ackerunkraut) hier nie vermißt werden. Schließlich muß man als besonders wichtig die Nachtschattengewächse nennen, zu denen auch unsere Kartoffel gehört (*Solanum tuberosum*). Von diesen Solanaceen finden sich am häufigsten der schwarze Nachtschatten mit weißen Blüten und schwarzen Beeren, ein ziemlich niedriges Kraut (*Solanum nigrum*). Von anderen Nachtschattengewächsen (*Solanaceen*) finden wir hier noch mehrfach das holzige, bei uns aus dem Süden eingeschleppte *Lycium halimifolium* mit hellpurpurnen kartoffelähnlichen Blüten, das mit seinen langen, etwas überhängenden Sprossen und ziemlich schmalen Blättern an jeder Dorfstraße zu finden ist. Wir haben in der heimischen Flora sonst nur ein holziges Nachtschattengewächs, das schlingende Bittersüß (S. 57), das wir schon als Sumpf- und Verlandungspflanze kennen. Wenn man Glück hat, kann man auf Ruderalplätzen und so auch hier noch zwei zwar schöne, aber sehr giftige Nachtschattengewächse finden, nämlich das Bilsenkraut (*Hyoscyamus niger*) mit ziemlich großen grünlichen, violettgeaderten Blüten und den Stechapfel (*Datura stramonium*) mit großen weißen glockenförmigen, widerwärtig wohlriechenden Blüten und gestachelten Früchten. Diese beiden Pflanzen sind, wie manche anderen einjährigen Ruderalpflanzen, außerordentlich unbeständig, so daß man selbst von mehreren Pflanzen, die man in einem Jahr beobachtet, im nächsten Jahre an derselben Stelle nichts mehr vorfindet.

Ähnlich wie die große Nessel außer in den Bruchwäldern auch in unserem Pflanzenverein eine Stätte gefunden hat, ist es auch mit dem Klettkraut (*Galium aparine*, Abb. 12c), mit unscheinbaren weißen Blütchen und nach Art des Waldmeisters quirlig stehenden Blättern. Blätter und Stengel sind mit abwärtsgerichteten dornigen Haaren versehen, die der Pflanze es erleichtern, im Gebüsch emporzuklimmen; mit ihnen heften sie sich auch an vorübergehende Tiere an, wie man sehr leicht an seiner Kleidung studieren kann.

Als einen besonderen kleinen Bestandteil der Ruderalpflanzen kann man die „Trampelpflanzen" bezeichnen. Dies sind solche, die sich durch ihre Wachstumsart flach auf den Boden legen und ein gewisses „Trampeln" ohne Schaden vertragen. Es sind zunächst solche, deren Blätter in flachen Rosetten ausgebreitet sind. Dies ist z. B. der Fall bei dem bereits genannten Hirtentäschel, mehr noch bei dem allbekannten Löwenzahn (*Taraxacum officinale*), der als Wiesenunkraut, Ackerunkraut und Ruderalpflanze gleich wenig geschätzt ist. Die ausgesprochendsten Trampelpflanzen sind aber der große Wegerich (*Plantago major*), mit seinen eierkuchenähnlich flachen Blattrosetten und der kleinblättrige Vogelknöterich (*Polygonum aviculare*) (Abb. 13a), die selbst auf mehr begangenen Wegen, von Vieh und Menschen getreten, noch fortkommen; auch ein kleines gelblichgrünes Gras (*Poa annua*) kann hier noch angeschlossen werden. Diese Beispiele der Ruderalflora und ihrer Lebensbedingungen mögen genügen.

Wir setzen unseren Spaziergang zunächst durch das den Charakter einer unverfälschten märkischen Landstadt noch tragende Mittenwalde geradeaus weiter fort. Die Straße führt zunächst über einen Kanal und hinter der Stadt durch das Stadttor, dann etwas links und bald wieder rechts dem Wegweiser Groß-Machnow nach. Sobald wir hinter der Stadt auf der Chaussee freien Blick haben, sehen wir den Moränenklotz des Groß-Machnower Weinbergs etwas links vor uns liegen. Der Groß-Machnower Weinberg ist eine ähnliche, etwas isoliert liegende Kiesmoräne wie die Müggelberge, der Gosener Berg und ähnliche Moränenaufschüttungen und Moränenreste, die in der Umgegend von Berlin zahlreich verteilt liegen. Dazu gehören z. B. auch die Grunewaldberge, die Werderschen Weinberge, die Kranichberge bei Erkner usw., Hügel, die meist als stärkere Erhebungen auf der Landkarte auffallen. Der Groß-Machnower Weinberg liegt besonders isoliert und stößt mit seiner steilen Südseite an eine Urstromtalabzweigung, die jetzt vom Notte- und Zülowkanal benutzt wird und auf der Südseite von den Zossener Bergen begrenzt wird. Dieses Urstromtal ist eine Abzweigung des Spreeurstromtals weiter im Osten, wie ein Blick auf eine Karte lehrt. Von dem Gipfel des Berges, den wir nachher besteigen werden, bietet sich eine weite Rundsicht über das genannte Tal und die angrenzenden Höhen. Unser Berg ist, wie besonders ein Blick auf geologische Übersichtskarten lehrt, offenbar nur ein Rest von Moränenbildungen größerer Erstreckung, die durch die Erosionstätigkeit des Wassers zerschnitten und zerkleinert worden sind, so daß zahlreiche derartige Moränenklötze als Restbestände der ehemaligen größeren Moränen, gewissermaßen als „Zeugenberge" stehen blieben. In vielen Fällen ist dieses Stehenbleiben durch einen härteren Kern im Innern der Berge verursacht. An einigen anderen Stellen kann man dies auch heute noch direkt sehen, wie z. B. an den Rauenschen Bergen bei Fürstenwalde, die im Innern einen Kern tertiärer Braunkohlenformation enthalten; noch heute werden dort festere Kiese, Formsande und Braunkohlen abgebaut. Der Groß-Machnower Weinberg enthält u. a. eine festere Tonunterlage, die früher von einer Ziegelei nördlich des Berges abgebaut wurde. Wir setzen unseren Weg weiter fort und kommen nach ungefähr 1½ km auf zwei Gehöfte zu (rechts Kiefernwald). Vor dem rechten Gehöft gehen wir links ab den Weg, der vor einem Robinienbestand („Akazien") entlang führt. Die Robinie (*Robinia pseudacacia*), ein Baum aus Mexico, ist ein bei uns unter dem falschen Namen „Akazie" sehr häufig gepflanzter und sich auch freiwillig weiter verbreitender Baum aus der Familie der Schmetterlingsblütler (*Papilionaceen*), der im Juni seine schönen weißen, bei der obengenannten Art wohlriechenden Blütentrauben entfaltet und gerade in der Mark sehr häufig gepflanzt wird, weil er mit dem dürftigsten Boden vorlieb nimmt und auch durch abnorme Witterungsverhältnisse, wie große Trockenheit, in seinem Gedeihen wenig gestört wird. Wie alle Leguminosen oder Hülsenfrüchtler ist er imstande, durch die Tätigkeit von Bakterien in den sog. „Bakterienknöllchen" an den Wurzeln den Stickstoff der Luft direkt zu verwerten, und dies setzt ihn mit in den Stand, auch mit dürftigen Bodenverhältnissen sich zu begnügen. Der Name „Akazie" für diesen Baum ist botanisch unrichtig, worauf auch sein Artname „*Pseudacacia*" (falsche Akazie) hinweist. (Die wirklichen Akazien sind das, was das Publikum als Mimosen bezeichnet, die erst in südlicheren Gegenden gedeihen und z. B. von der Riviera in Massen im Winter importiert werden und zu Weihnachten bei uns sehr viel gekauft werden.) Auch hier stehen die Robinien auf dürftigem Sandboden, wie wir sogleich erkennen, wenn wir auf unserem Wege weiter durch die unbepflanzten Sandfelder an der Südostseite des Berges kommen. Die Sandfelder sind z. T. nur mit Kräutern und Stauden bestanden, z. T. auch mit kleinen Kiefern. Wir haben Gelegenheit, uns die Flora dieser Sandfelder etwas näher anzusehen. Am auffälligsten ist vielleicht die „Silbergrasflur", die bei uns überall auf solchen dürftigen Sandfeldern sich ansiedelt. Das Silbergras (*Weingartneria canescens*) steht überall mit seinen dünnen Blättern in grauen Büscheln auf den Sandfeldern herum. An verschiedenen Stellen bemerken wir als Bodenflora auch Bestände von grauen Flechten (*Cladonia*), die nebst den anderen Gewächsen ein Zeichen der Kalkfreiheit des Sandbodens sind, der also eine reine Kieselflora trägt. Der Sand besteht ja aus lauter kleinen Quarzkörnern, die chemisch als Kieselsäure (SiO_2, Siliziumdioxyd) zu bezeichnen sind. Weitere echte Sandpflanzen sind die an ihren grauen wolligen Blättern und gelben Köpfchen leicht kenntlichen allbekannten Immortellen (*Helichrysum arenarium*), zu den Korbblütlern gehörig und mit den aus Australien stammenden Strohblumen der Gärten nahe verwandt, Strohblumen genannt nach der trockenen Beschaffenheit der Blütenblätter. Die Pflanze gehört zu den Kompositen oder Korbblütlern, ähnlich wie ein kleines Habichtskraut, das hier und auf jedem Sandfelde zu finden ist und aus etwas grauen Blattrosetten kleine hellgelbe Köpfe treibt, die ähnlich wie die des Löwenzahns aussehen (*Hieracium pilosella*). Häufig eingestreut sind auch die blauen Köpfe der Jasione (Abb. 11a), eines Glockenblumengewächses, bei dem die einzelnen kleinen Blütchen zu einem Blütenkopf vereinigt sind, so daß die Pflanze wie eine Komposite aussieht. Dazu kommt noch z. B. der feinblättrige Beifuß (*Artemisia campestris*) in größeren und kleineren Büschen mit unscheinbaren Blütenköpfchen und je nach den einzelnen Jahren und Jahreszeiten andere Gewächse der Sandflora (z. B. der kleine Sauerampfer (*Rumex acetosella*, Abb. 11c), die wir hier übergehen. Die Frühjahrsflora der Sandfelder ist auch recht charakteristisch, aber ganz andersartig.

Beim Weitergehen stellen sich Gewächse einer anderen kieselliebenden Pflanzenformation ein, die wir auf einer Exkursion bereits kennengelernt haben, nämlich der Heideformation, die hier z. B. durch das Heidekraut (*Calluna vulgaris*) und den Besenginster (*Sarothamnus scoparius*) vertreten ist. Rechts am Berge sind wir an einem kahlen Sandhang vorbeigegangen und bemerken nun nach Durchschreiten der Sandfläche am Berge selbst eine starke Vegetationsänderung. Während dieser in dem Teil, an dem wir bisher vorbeigegangen sind, mit Kiefernvegetation bestanden ist, stellt sich jetzt eine anspruchsvollere Vegetation ein, nämlich lichter Eichenbestand. Wir können daraus schon schließen, daß in den Bodenverhältnissen eine Änderung eingetreten ist. Dieses ist in der Tat der Fall, der Boden weist einen fühlbaren Kalkgehalt auf und dies zeigen uns auch die Pflanzen, die als Unterflora unter den Eichen wachsen: Es sind Steppenpflanzen. Wenn wir etwas in die Eichen hineingehen, sehen wir alsbald einiges von diesen, und zwar am zahlreichsten die Schwalbenwurz (*Vincetoxicum officinale*), eine Pflanze mit ziemlich hohen, schwach überhängenden Stengeln und glänzenden gegenständigen Blättern und kleinen weißen Blüten. Es ist die einzige Angehörige der Asclepiadiaceen oder Seidengewächse, die in der heimischen Flora vorkommt. Sie ist hier außerordentlich zahlreich und nicht zu übersehen. Den Namen Seidengewächse hat die Familie von den seidenartigen Haaren, die als Flugorgane an den kleinen Samen sitzen. Man braucht nur eine der länglichen Früchte aufzubrechen, um die Fülle dieser „Seidenhaare" zu sehen. Auf den eigentümlichen Blütenbau dieser Familie, der an den kleinen Blüten nur schlecht wahrnehmbar ist, brauchen wir hier nicht einzugehen. Außer der Schwalbenwurz fällt am meisten die uns bereits bekannte *Veronica spicata* mit ihren blauen Ähren auf (Abb. 7b), daneben noch Karthäusernelken usw. Wir setzen unseren Weg durch Kiefern und Ginsterbestände um den Berg herum fort bis an den Fuß seiner steilen Südseite, die wir hinaufklimmen bis zum Gipfel. Unterwegs haben wir Gelegenheit, noch weitere Angehörige des Steppenpflanzenvereins, die wir von früher her kennen, zu beobachten (z. B. rheinische Flockenblume und blaue Salbei), und u. a. häufig den wilden Spargel, an seinem Kraut unverkennbar, der auch in diesem Pflanzenverein zu Hause ist (S. 70). Durch die starke Ausbreitung des Besenginsters ist die Steppenflora hier an manchen Stellen etwas beengt worden; der Groß-Machnower Weinberg ist aber immer noch einer der schönsten Punkte zur Beobachtung dieses Pflanzenvereins. Auf seinem Gipfel angekommen, haben wir einen schönen Überblick über die Urstromtal- und Moränenlandschaft, wovon vorhin die Rede war.

Unser Weg führt uns weiter in Form eines kleinen Fußsteiges, der als Kammweg den Berg entlang führt. Gleich hinter dem Gipfel oder richtiger noch auf dem Gipfel sehen wir links vom Wege eine kleine Senke, die zum größten

Teil bestanden ist mit einem wahren Teppich des Blutstorchschnabels, dessen große rote Blüten im Juni und Juli einen wirklich prachtvollen Anblick in dem grünen reichgegliederten Laube bilden (*Geranium sanguineum*). Unser Kammweg führt uns schließlich über den Nordhang des Berges herunter zur Groß-Machnower Chausee, an der sich hier ein sehr idyllisches Waldgasthaus befindet, das als Exkursionsabschluß auch vom Verfasser immer begrüßt worden ist. Von dort aus gehen wir denselben Weg nach Mittenwalde zurück, wobei man sich aber wiederum nach dem Fahrplan der Kleinbahn nach Königswusterhausen richten muß. Man kann auch links die Chausee an dem Dorf Groß-Machnow vorbei in 1½ Stunden nach Rangsdorf gehen, von wo die Fahrgelegenheiten nach dem Potsdamer Bahnhof zahlreich sind.

Der Groß-Machnower Weinberg bietet schließlich Gelegenheit, die enorme klimatische Bevorzugung der Südseite (und Südostseite) derartiger Berge zu studieren. Man braucht nur an einem sonnigen Tage mit Westwind ganz um den Berg herumzugehen und eine Zeitlang an dem Hang der Südseite oder Südostseite Platz zu nehmen, um das am eigenen Leibe zu spüren. Daß auf solchen Hängen auch bei uns Wein gedeihen konnte, ist durchaus annehmbar. Der Grüneberger Wein in Schlesien wächst noch heute unter ähnlichen und keineswegs besonders begünstigten Verhältnissen, und wer ihn kennt, weiß, daß er viel besser als sein Ruf ist. So ist es begreiflich, daß Pflanzen der Steppen Südosteuropas, aber auch des Südens selbst hier auf unseren pontischen Hängen weit nordwärts vorgeschobene Standorte finden, wie noch neuerdings die Oderhänge von Bellinchen gezeigt haben.

9. Exkursion: Rüdersdorf.

Zeit: September, auch noch Anfang Oktober.
(Tagesexkursion.)

Wir fahren mit der Vorortbahn bis Friedrichshagen und besteigen dort die Straßenbahn nach Rüdersdorf—Kalkberge. Die Straßenbahn durchfährt zunächst meist mit Kiefernwald bedecktes, durchaus ebenes Terrain. Es ist alter Boden des Urstromtals der Spree, in dem hier weiter südlich der Müggelsee liegt und die Spree verläuft. Hinter der Kolonie Schöneiche verläuft die Bahn in offenem Gelände schwach welliger diluvialer Hochfläche („Grundmoräne"). Bald hinter dem Haltepunkt Grätzwalde sieht man rechts in der Ferne die Kranichberge bei Erkner mit dem Turm, die Schuttmoränen ähnlich dem Machnower Weinberg, den Müggelbergen sind, von denen wir auf der Mittenwalder Exkursion gehört haben. Wir benutzen die Straßenbahn bis zum Schützenhaus und gehen rechts über den Kanal auf der sog. „Bergbrücke", dann links die Heinitzstraße bis zum Wegweiser Grüne Kehle. Ein paar Schritte weiter geradeaus liegt das Rüdersdorfer Bergamt. Der Rüdersdorfer Steinbruchbetrieb sieht sich als eine Art Bergbau an und die Rüdersdorfer Steinbruchsarbeiter betrachten sich als Bergknappen, tragen Bergmannsuniform, veranstalten Bergmannsfeste usw. Die Betriebe sind jetzt als Berginspektion der großen Preußischen Bergwerks A.-G. angegliedert (Preussag), und die Leiter sind oder waren meist staatliche Bergräte und Bergbeamte. Die Kalkgewinnung ist hier Jahrhunderte alt und als nächstes Vorkommen bei Berlin sehr wichtig. Wir gehen bei dem Wegweiser „Grüne Kehle" rechts hinein und sehen links an der Ecke sofort einige alte Kalköfen. Nach wenigen Schritten eröffnet sich ein Blick auf den jetzt von einem Grundwassersee erfüllten alten Heinitzbruch, der mit seinen Felswänden einen für die Mark durchaus ungewöhnlichen Anblick bietet und wie ein romantischer Gebirgssee aussieht. Links ist der neue Sportplatz und dahinter die wie romantische Ruinen aussehenden alten Kalköfen, die auch im Herbstkleide der Pflanzenwelt mit dem roten wilden Wein und anderen Gewächsen einen malerischen Anblick bieten. Die bewaldeten Höhen, an denen wir entlang gehen, bestehen zunächst aus aufgeschüttetem Kalkschutt und sind von zahlreichen Spazierwegen durchzogen. Wir gehen zunächst geradeaus weiter und dann den Fußweg links, der an dem Seeufer entlang führt (das entgegengesetzte Ufer ist nicht begehbar, da es als steile Felswand in den See abstürzt).

Wir werden uns über die geologischen Verhältnisse nachher unterhalten und zunächst einiges Botanische betrachten. Da es sich in dem Rüdersdorfer Gestein um „anstehenden" Kalk handelt, ist es selbstverständlich, daß die Kalkflora hier einen besonderen Platz einnimmt, und so sehen wir je nach der Jahreszeit verschiedene kalkliebende Gewächse sich hier ausbreiten, die sonst wild in der Mark nicht oder kaum vorkommen, die aber in den Mittelgebirgen mit Kalkboden zu Hause sind. Das gilt besonders von der Waldrebe (*Clematis vitalba*), die man überall in den Gebüschen und Bäumen emporschlingen sieht, leicht kenntlich im Herbst an den büschelförmigen Fruchtständen und den gegenständigen gefiederten Blättern; die Blüten sind weiß. Die Früchte erinnern etwas an diejenigen gewisser Anemonen, von denen den Besuchern höherer Gebirge besonders der Teufelsbart, der Fruchtstand der Alpenanemone, bekannt ist. Die Ähnlichkeit ist auch nicht trügerisch, denn Clematis gehört zur selben Familie wie die Anemonen (*Ranunculaceen*). Sie wird bei uns sehr viel zur Bekleidung von Lauben benutzt und ist eine sog. „Hängeliane". Sie umklammert mit den Blattstielen (!) Zweige der Mutterpflanze, windet sich an ihr empor, aber ohne den Stamm zu umschlingen. Da ihr Längenwachstum schneller ist als das des betreffenden

Baumes, so hängt sie oft in Form langer Seile von den höheren Bäumen herunter, die am Boden ähnlich wie Seilrollen spiralig aufgerollt liegen. Sie schaden also dem Baum in keiner Weise[1], im Gegensatz zu den „Würgelianen", die den Baum umschlingen und schließlich die lebende Schicht des Baumes zwischen Rinde und Holz durchschneiden und den Baum zum Absterben bringen. Eine solche Würgeliane haben wir auch in unserer heimischen Flora in Form einer Geisblattart (*Lonicera periclymenum*), bei der es allerdings nur selten zum wirklichen Abwürgen des Wirtsbaumes kommt, dessen Tod übrigens auch schließlich den des Würgers herbeiführt, wenn der erwürgte Baum umfällt. Als weitere kalkliebende Gewächse sind auffällig die vielen wilden Rosen, die uns überall am Wege begleiten und verschiedenen Arten der schwierigen Gattung Rosa angehören, sowie der Schlehdorn (*Prunus spinosa*). Wir halten uns auf unserem Wege unmittelbar unten am Seeufer. Das Wasser des Sees ist auffällig blau, und wir sehen hier, woher die blaue Farbe der berühmten oberitalienischen Alpenseen, der Adria usw. kommt. Es sind alles Kalkseen, und die Kalkunterlage erzeugt bei all diesen Seen die blaue Farbe, die daher auch hier beim Heinitzsee bis zum gewissen Grade deutlich ist. Der Gehölzbestand, den wir durchwandern, ist recht vielfältig, und die meisten Gehölzarten sind für uns nach unseren früheren Exkursionen bestimmbar. Wir kommen an eine kleine Brücke, an der wir mehrere Grünerlen (*Alnus viridis*), behangen mit der vorhin benannten Clematis, erblicken. Sie unterscheidet sich von der gewöhnlichen Schwarzerle unserer Moore und Gewässer durch die Form der reingrünen Blätter und die andersartigen Zäpfchen. Bald hinter der Brücke wird das Gelände mehr frei, und wir sehen gegenüber auf der Höhe einige wie Ruinen aussehende Bauwerke zwischen dem Gehölz auf-

[1] Allerdings kann die starke Laubbildung in der Baumkrone das Laub der Bäume selbst ersticken.

ragen. Es sind die Stützpfeiler eines alten Bremsberges des ehemaligen Steinbruches. Auf unserer Seite selbst sehen wir hier auf den Hängen die ersten Exemplare eines Strauches, der von einem früheren Rüdersdorfer Bergrat ausgepflanzt wurde und sich seitdem in den Steinbrüchen und auf den Kalkhalden enorm verbreitet hat; es ist der Sanddorn (*Hippophaes rhamnoides*), der durch seine länglichen grauen Blätter auffällt und im Herbst durch seine Schößlinge mit den länglichen roten Beeren einen Schmuck der Rüdersdorfer Kalkbrüche bildet. Es ist bei uns im Binnenlande nicht heimisch, sondern stammt von der Küste der Ostsee, wo er an den Steilhängen, auch an den Dünen außerordentlich viel verbreitet ist. Es ist eigentlich recht merkwürdig, daß er sich hier auf dem Kalkboden von Rüdersdorf so außerordentlich wohl fühlt. Er beginnt sich aber auch sonst im Binnenlande (auf sandigen Böden) zu verbreiten und hat ein Gegenstück in unserem Wachholder, von dem noch die Rede sein wird. Während die Hänge, an deren Fuß wir entlang gingen, meist Halden von Kalkschutt waren, kommen wir jetzt in dem freien Gelände an anstehendes Gestein, das rechts in Resten des alten Tiefbaues (Heinitzbruch) noch gewonnen wird und das wir uns hier etwas näher ansehen können.

Der Rüdersdorfer Kalk, der seit Jahrhunderten als Baustein, jetzt aber mehr zur Zement- und Mörtelfabrikation abgebaut wird, gehört den älteren Schichten des Mittelalters der Erde (Mesozoikum) an, und zwar den mittleren Schichten der Triasformation, dem Muschelkalk, der in gewissen Teilen Deutschlands, z. B. in Thüringen, an der Werra die dortigen Kalkgebirge bildet. Er kommt hier bei Rüdersdorf unter der Decke jüngerer Gesteine zutage und gibt also Kunde von der Art des tieferen Untergrundes, der sonst von den Schichten der Braunkohlenformation und besonders des Diluviums bedeckt und verhüllt wird.

Auch hier liegen über dem Kalk noch Schichten des

Diluviums; die geologischen Formationen zwischen der Trias und dem Diluvium fehlen, also die ganze Reihe vom Tertiär durch die Kreide bis zur Juraformation. Tertiär ist nur in Form von Septarienton (S. 73) in einer Bohrung westlich vom Bahnhof Rüdersdorf (Tasdorf) gefunden worden, außerdem aber sind jüngere Triasschichten des Keupers sowohl auf dem Süd- als auf dem Nordflügel des

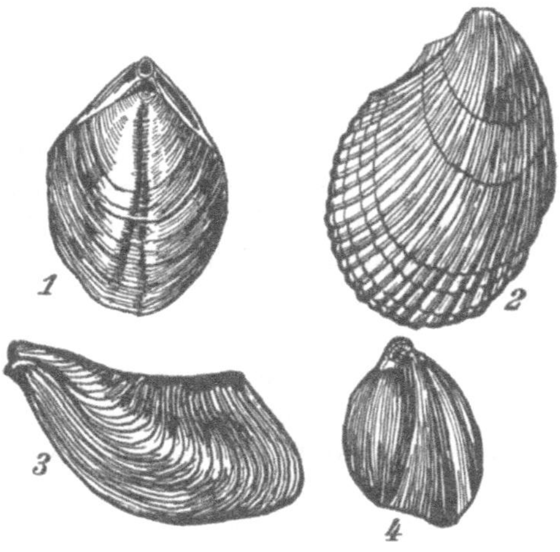

Abb. 14. Versteinerungen des Rüdersdorfer Muschelkalks. *1*: *Terebratula vulgaris*; *2*: *Lima striata*; *3*: *Gervillia socialis*; *4*: *Myophoria vulgaris*. (*2* aus dem oberen, *1*, *3*, *4* aus dem unteren Muschelkalk).

„Rüdersdorfer Gebirgssattels" erbohrt worden; von dem „Sattel" werden wir noch später reden (Abb. 15).

Das Inlandeis ist also hier im allgemeinen direkt über das feste Gestein des Muschelkalks hinweggegangen, und daß dies nicht spurlos an dem Gestein vorübergegangen ist, ist leicht verständlich. Einmal hat das Eis die oberen Schichten des Kalkes, über die es glitt, aufgequetscht, aufgelockert und z. T. zerrieben. Daher findet und fand man in der Grundmoräne der Umgegend von Rüdersdorf von jeher zahlreiche Bruchstücke des Kalkes, die neben anderen Geschieben hier besonders hervortreten. Man nennt eine derartige Grundmoräne auch wohl „Lokalmoräne“; gelegentlich verrät allgemein das massenhafte Auftreten von bestimmten Gesteinen als Geschieben, daß in der Nähe im Untergrunde diese Gesteine noch fest anstehen, d. h. in ihrem alten natürlichem Schichtenverband vorhanden sind.

Die höheren Schichten des Muschelkalkes sind sogar vom Eise größtenteils abgetragen worden, und man hat daher die Fossilien des obersten Muschelkalkes mit besonderem Erfolg in solchen Muschelkalkgeschieben in der Nähe finden können, wie z. B. die sog. Trochiten, nach denen diese Schichten auch „Trochitenkalk“ genannt werden. Diese „Trochiten“ sind die Querbrüche von Stengeln von Crinoiden oder Seelilien, die hier rund sind und darnach benannt sind (von trochus des Rad.). Der oberste Muschelkalk enthält u. a. die ammonitenähnlichen Ceratiten und ist anstehend heute hier nicht mehr zu finden.

Der Muschelkalk ist überhaupt, wie sein Name sagt, sehr versteinerungsreich, besonders an Muscheln, die auch an dem Punkte, wo wir gerade stehen, in gewissen Bänken zahlreich zu beobachten sind; es sind verschiedene Klassen und Formen von Molluskenschalen oder deren Abdrücke zu finden, z. T. Schnecken, wie die turmförmig gewundene Chemnitzia, z. T. wirkliche Muscheln oder Lamellibranchier; ein Teil der äußerlich muschelähnlichen Schalen gehört aber zu den Armfüßern oder Brachiopoden, die nur äußerlich eine gewisse Ähnlichkeit mit Muscheln haben, in Wirklichkeit aber eine besondere Molluskengruppe bilden. Einige solcher Fossilien sind in Abb. 14 dargestellt.

Die Schichten des Muschelkalkes, die hier abgebaut werden, gehören zum unteren Muschelkalk; die Festigkeit und der Kalkgehalt der einzelnen Schichten ist recht verschieden. Man kann sehr gut hier die ausgezeichnete Schichtung des Gesteines, das „Einfallen“, d. h. die Neigung der Schichtenbänke in einem gewissen Winkel (nach

Norden) beobachten und auch meist etwas von der Abbauart sehen. Es werden eine Anzahl Stollen in das Gestein hineingetrieben — eine wirklich bergmännische Tätigkeit —, und nach entsprechender Unterhöhlung wird das überstehende Gestein hereingeschossen. Über den Muschelkalkschichten kann man häufig genug die vorn erwähnte Lokalmoränenbildung und Auflockerung der höheren Muschelkalkschichten sehen, von der vorhin die Rede war.

Nachdem wir uns den anstehenden Muschelkalk genügend besehen haben, gehen wir geradeaus in der früheren Richtung weiter und schließlich am Ende des Bruches auf einem Fußsteig zur Brücke hinauf.

Bevor wir dem jetzigen Hauptsteinbruch, dem Alvenslebenbruch, und dem Krienbruch einen Besuch abstatten, gehen wir von der Brücke rechts die Chaussee entlang, bis ein Fußsteig rechts auf die Höhe hinaufführt. In den Baumanlagen gleich auf der Höhe (und auch später) haben wir Gelegenheit, eine kalkliebende Pflanze in Menge in Blüte zu sehen, die nur an diesem Punkt bei Berlin vorkommt und, wie auch gewisse andere Kalkpflanzen hier, unter Naturschutz steht. Es ist eine Asterart, *Aster amellus*, deren blaue Köpfe überall sichtbar sind. Sie gehört zu den Compositen oder Korbblütlern, und nur wenige Arten sind in der heimischen Flora vorhanden. Zahlreich sind dagegen die aus Nordamerika eingeführten sog. „Herbstastern", hohe verzweigte Stauden mit vielen blauen, roten oder weißen Köpfen, die man beinahe in jedem Garten in irgendeiner Form oder Art vorfindet (die gewöhnlichen Gartenastern oder Astern schlechthin sind keine eigentlichen Astern im botanischen Sinn, sondern gehören einer verwandten nahestehenden Gattung *Callistephus* an. Sie stammen aus China und sind wie die genannten amerikanischen Astern in vielen Formen und Varietäten von den Gärtnern gezüchtet worden). Außer dieser Composite finden wir daneben hier, wie auch sonst um diese Jahreszeit, fast überall auch bei Rüdersdorf, die leuchtenden, traubigen, gelben Blütenstände der heimischen Goldrute (*Solidago virga aurea*), die mit ihrem satten Gelb einen schönen Farbenkontrast zu der blauen Aster bilden.

Weiterhin treten wir allmählich links an den Bergrand heran und genießen einen freien Überblick auf den Kalkgraben, die im Tal liegende „Bergstadt“ und die gegenüberliegenden Höhen. Links im Hintergrunde der Schulzenberg mit seinem Aussichtsturm und rechts davon der Steilhang der Durinschen Tongrube. Von hier aus können wir sehr schön die Überlagerung des gründlichen Tones durch das Diluvium (Grundmoräne) sehen und das Einfallen der Schichten nach Norden, das dem des Muschelkalkes entspricht. Diese Schichten, die wir am Schluß noch besuchen können, bilden den Kern des „Rüdersdorfer Bergsattels“. Als Sattel bezeichnet der Geologe eine Aufwölbung von Schichtenbänken so, daß von einem gewissen Höhepunkt die Schichten nach beiden Seiten „abfallen“ wie bei einem Gewölbe. Man nennt dann die beiden Seiten des Sattels die Flügel des Sattels. Das Gegenteil davon ist eine Mulde, bei der also die Schichten seitwärts aufsteigen. Wir haben also hier einen Teil des Nordflügels des Sattels vor uns; der Sattelkopf des ganzen Rüdersdorfer Sattels ist überhaupt nicht aufgeschlossen, sondern liegt unter den jüngeren Schichten unter den Höhen weiter rechts verborgen. Denkt man sich einen solchen Sattel horizontal abgetragen, so liegen die ältesten Schichten in seinem Kern, und das ist hier bei Rüdersdorf der Buntsandstein, von dem allerdings nur die obersten Schichten hier freigelegt sind und abgebaut werden.

Der Hang, über dem wir stehen, führt den Namen „Weinberg“, und in der Tat ist hier früher Wein gebaut worden. Der Hang zeigt noch Reste solcher Weinstöcke hat sich aber jetzt in einen „buschigen pontischen Hügel“

(S. 69) verwandelt. Man kann hier die Charaktersträucher dieser Pflanzenformation fast sämtlich beobachten, nämlich wilde Rosen, Schlehdorn, Weißdorn (*Crataegus*), Pfaffenhütchen (*Evonymus*, S. 38), und dann auch reichlich Unterflora, u.a. in Menge unsere blaue Aster. Beim Weitergehen kommen wir an den Torell-Gedenkstein, auf einem Geschiebehaufen liegend. Auf die Bedeutung dieses schwedischen Geologen und den Zusammenhang mit Rüdersdorf werden wir uns später beim Alvensleben-Bruch unterhalten.

Wir können nun bei dem Blick auf die genannte Tongrube von hier aus auch sehr schön sehen, was der Geologe unter „Schichtendiskordanz“ versteht. Wir sehen die grünen Tone des oberen Buntsandsteins mit ihrem nördlichen Einfallen; die Grundmoräne, die sie überlagert, zeigt ein ganz anderes oder vielmehr gar kein Einfallen, sie liegt aber jedenfalls horizontal darüber. Wenn Schichten mit bestimmtem Einfallen über älteren mit anderem Einfallswinkel liegen, so nennt man das eine Diskordanz. Sie ist ein Zeichen dafür, daß die jüngeren Schichten die älteren irgendwie abgeschnitten oder abgetragen haben und sich dann horizontal auf diese aufgelagert haben. Es kann sich dabei, wie hier, oft um viel jüngere Schichten handeln, und die Diskordanz kann dann eine ganz beträchtliche Zeitlücke darstellen wie hier. Die viele Millionen Jahre alten Buntsandsteinschichten sind hier von den ganz jungen Schichten der Eiszeit überlagert; es klafft also eine Zeitlücke zwischen ihnen von vielen Millionen Jahren, und alle Anzeichen der jüngeren Formationen dazwischen fehlen hier.

Nachdem wir uns hier einen Überblick über das Rüdersdorfer Tal und die angrenzenden Höhen verschafft haben, gehen wir zu der Kreuzbrücke oberhalb des Tiefbaues wieder zurück, um uns den Alvenslebenbruch anzusehen. Zum Betreten des Bruches selbst benötigt man einen Führer oder Erlaubnisschein der Berginspektion;

man kann aber auch ohnedies auf den öffentlichen Wegen einen ganz guten Überblick über die die uns interessierenden Verhältnisse bekommen. Wir gehen jetzt auf die andere Seite der Brücke, wo wir drei Wege unmittelbar an deren Ende finden; den mittleren mit dem Wegweiser „Krankenhaus" und „Alvenslebenbruch" benutzen wir. Er führt durch Gehölz (mit viel *Crataegus*) und Wald auf

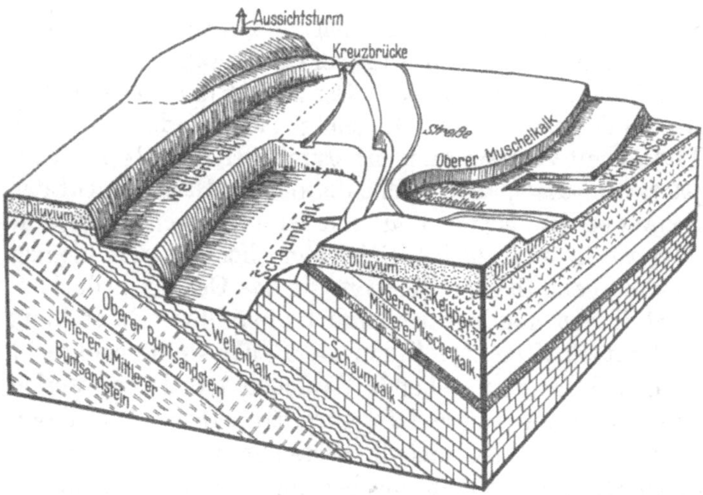

Abb. 15. Schema des Aufbaues des Rüdersdorfer Bergsattels nach einem Modell von Prof. Solger im Mus. f. Naturkunde; der Schnitt geht durch Alvenslebenbruch in der Richtung Nord—Süd. Zeichn. von Dr. W. Hartung.

eine Chaussee, der wir folgen (nach rechts). Diese bringt uns bald an eine Stelle, wo an der Straße eine Art Wärterhaus steht und eine Treppe in den Bruch hinunterführt; die Stelle bietet eine freie Übersicht über den Alvenslebenbruch (vgl. Abb. 15; der Standpunkt liegt da, wo die „Straße" an den Bruchrand herantritt; man sieht auf den „Wellenkalk" gegenüber). Die gegenüberliegende Wand des Bruches zeigt einen großen Aufschluß im unteren Muschelkalk, unten mehr grau gefärbt, die Schichten des Wellenkalks, die wir schon drüben im

Tiefbau angesehen hatten, darüber mehr gelblich-braun die festeren Bänke des Schaumkalks. Diesem gehören auch die beiden Felsnasen links und rechts am Ende des Steinbruchs an (in der Tiefe auf dem Boden ein Tableau von Deutschland). Man erkennt drüben an der Bruchwand deutlich eine Sattelbildung im Wellenkalk und nach den beiden Seiten abfallende Schichten des Sattels. Wer die versteinerungsreichen Schichten des Schaumkalks genauer ansehen und durchklopfen will, muß sich oben von dem Aufseher die Erlaubnis geben oder von diesem begleiten lassen. Der Besuch der oberen Sohle, wo die Felsnasen anstehen, genügt. Man findet hier meist Platten mit Versteinerungen herumliegen (Abb. 14,4) (*Myophoria vulgaris*), auch solche der oberen Grenzschicht des Schaumkalks gegen den mittleren Muschelkalk mit *Myophoria orbicularis*, leicht kenntlich an den kleinen runden, ganz flachen Schalen, die das Gestein bedecken. Auch findet man hier gewöhnlich die in ihrer Entstehung noch rätselhaften Stylolithen oder Säulensteine, senkrecht zu den Schichten stehende Säulchen mit Längsstreifen oder wenigstens diese Längsstreifen selber. Aus diesen Schichten stammen auch die besten Saurierfunde von Rüdersdorf, unter diesen die berühmte Platte mit Nothosaurus raabi in der Geologischen Landesanstalt, Berlin.

Wir müssen uns nun an dieser Stelle noch über die Bedeutung von Rüdersdorf für die Geologie des norddeutschen Flachlandes überhaupt einen Augenblick unterhalten. Rüdersdorf ist nämlich derjenige Punkt in Norddeutschland, von wo die Erkenntnis ausging, daß ehemals eine zusammenhängende Inlandeisdecke das Land überzogen haben muß, während man früher der Eisberg-Drifttheorie anhing. Wir hatten von diesen Dingen und auch von Rüdersdorf bereits kurz S. 3 gesprochen und kommen hier an dieser Stelle darauf zurück. Hinten links im jetzt ganz mit *Hippophaes* und anderem Gesträuch bewachsenen Teil des Alvenslebenbruchs war es, wo Otto Torell, dessen Gedenkstein wir hier drüben auf der anderen Höhe sahen, 1875 die Schrammen auf der Oberfläche des Kalkes richtig als Gletscherschrammen deutete, und wo man später auch die Ausstrudelungstrichter fand, von denen S. 75 ebenfalls die Rede war. Er sprach daraufhin — fußend auf den Beobachtungen an skandinavischen Gletschern — die Ansicht aus, daß nur ein Gletscher, ein zusammenhängendes Inlandeis diese Wirkungen vollbracht haben könne, und verhalf damit der Inlandeis-Theorie mit einem Schlage zur Geltung, die übrigens schon früher von einem Deutschen ausgesprochen worden war (von Helmersen, 1867), der aber gegen die herrschenden Lehrmeinungen nicht aufkam. Auch eine richtige Ausstrudelungsklamm wurde 1898 von Wahnschaffe beschrieben. Jetzt sind alle diese Erscheinungen verwachsen und zerstört. Einer der Gletschertöpfe findet sich rechts vom Haupteingang der Geologischen Landesanstalt aufbewahrt; auch der Sperenberger Gips zeigte übrigens derartige Strudellöcher, die im Vorraum des Museums für Naturkunde in einigen Exemplaren zu sehen sind.

Bevor wir weitergehen, sehen wir uns noch oben an der Chaussee bei dem Aufseherhaus die Schwarzkiefer an (*Pinus laricio*), die hier öfter angepflanzt ist und als echter Kalkbaum sehr gut fortkommt. Sie hat sehr lange dunkelgrüne Nadeln, die zu zweien wie bei unserer heimischen Kiefer zusammenstehen. Sie ist die Kiefer, mit der die Kalkgebirge des Karstes usw. aufgeforstet worden sind.

Nach der Besichtigung gehen wir die Chaussee bis zu deren scharfem Knick nach links (geradezu oben auf der Höhe eine Gruppe von Schwarzkiefern), und dann noch etwas weiter bis links ein Fußweg in den Krienbruch hineingeht. (Geht man die Chaussee noch etwas weiter, kommt man hinter mehreren hohen Pyramidenpappeln zu mehreren großen Geschiebehaufen [rechts an der

Chaussee], an denen man sich einen Einblick in die Mannigfaltigkeit der Gesteine der Geschiebe machen kann. Außerdem kann man hier evtl. einen Aufseher um die Erlaubnis fragen, in den Bruch hineinzugehen; wir benötigen nur den linken Rand davon.)

Wir gehen auf dem vorhergenannten Weg in den Krienbruch hinein, der Schichten des mittleren und oberen Muschelkalks zeigt. Wir kommen alsbald an die Bremsbergbahn, bleiben aber an den Geleisen unterhalb dieser und sehen gleich links am Hang einen kleinen Anbruch in den dünnplattigen Schichten des mittleren Muschelkalks, die dolomitisch sind (magnesiahaltig). Wir gehen dann links den kleinen Fußsteig hinauf (Geländer), wo an einigem heraussstehendem Gestein noch Teile des oberen Muschelkalks zu sehen sind. Das Gestein hat z.T. grünliche Einschlüsse von sog. Glaukonit und führt runde Körner von Oolithen (Erbsenstein), wie auch z.B. die Rogensteine des Buntsandsteins, die man oft in dem Kleinpflaster der Bürgersteige in Berlin an ihren runden Körnern erkennt. Diese Oolithe sind wahrscheinlich nichtorganische Ausscheidungen in dem Kalk, die mit Fossilien nichts zu tun haben. In diesen Schichten kommt z.B. die in Abb. 14,2 dargestellte *Lima striata* vor. Die höheren Schichten des oberen Muschelkalks sind kaum noch zu sehen oder abgetragen. Es sind die vorn genannten Trochitenschichten und die Nodosenschichten, harte Kalke mit dem vorn genannten Ammoniten *Ceratites nodosus*. Wenn wir von unserem Punkt hinunterblicken, sehen wir gewöhnlich in dem Kriensee-Kanal einige Kähne liegen, die zum Abtransport des Kalks per Wasser usw. dienen.

Es empfiehlt sich, einmal die Sammlung von Rüdersdorfer Versteinerungen in der Geologischen Landesanstalt anzusehen, der Reichtum des im Laufe der Jahre Zusammengebrachten ist erstaunlich. Auch schöne Kristalldrusen mit Kalkspat, blauem Coelestin sind seit langem bekannt, und so ist das Rüdersdorfer Gebiet nicht nur wirtschaftlich, sondern auch wissenschaftlich für die Berliner Umgegend von größter Bedeutung.

Wir gehen auf demselben Wege die Chaussee und nachher den Weg links ab zur Kreuzbrücke zurück und die Chaussee weiter links geradeaus auf den dreieckigen Wegweiser zu und können nun noch links hinauf einen Abstecher zum Aussichtsturm auf dem Schulzenberg machen, der wiederum einen Überblick anderer Art bietet. Oben in dem Gehölz um den Turm herum finden sich viel üppige Clematis, die die Baumkronen zum Teil durch üppig wucherndes Laub erstickt und zum Absterben gebracht hat.

Wir haben nun noch den Besuch der beiden von oben gesehenen Durinschen Tongruben auszuführen und gehen dazu nach dem Fließ zu ins Dorf hinunter bis zum Restaurant „Goldene Traube" und machen zunächst noch einen Abstecher in die kleine Anlage rechts, wo man noch den Tunnel des Kanals sieht, der früher zum Abtransport des Kalksteins zu Wasser diente. Beim Heraustreten gehen wir unten an dem Restaurant „Goldene Traube" vorbei, am Wasser entlang und kommen bald auf die Feldbahn, die in wenigen Minuten zu der genannten Grube oder Bruch im oberen Buntsandstein in der Friedrichstraße geradeaus hinführt. Der obere Buntsandstein verdient seinen Namen hier wie oft sehr wenig, indem er gar nicht aus Sandstein, sondern aus grünen und roten Tonen und Mergeln besteht, durch die er schon von weitem auffällt. Es sind auch einige festere Bänke darin, von denen die eine mit zahllosen Exemplaren einer starkgerippten Muschel (*Myophoria costata*) erfüllt ist, die gelegentlich von den Leuten auch zu Treppenstufen und sonst als festeres Gestein benutzt wird. Die Schichten sind sonst ziemlich fossilarm, aber interessant, weil durch sie noch ein Stück der ältesten Stufe der Trias, die unter dem Muschelkalk liegt, nämlich des Buntsandsteins, hier zutage tretend beobachtet werden kann. Der eigentliche tiefere Teil des Buntsandsteins ist hier nicht zu sehen, ist aber erbohrt worden; er ist hier aber auch nur z.T. Sandstein, sondern auch mehr tonig. Man hat in den 30er Jahren bei Rüdersdorf am Kesselsee eine Tiefbohrung gestoßen und hat auch die unter dem Buntsandstein liegenden Zechsteinschichten mit mächtigen Salzlagern (auch Kalisalzen) durchbohrt, ähnlich wie bei Sperenberg, südlich von Berlin, wo man heute noch die Reste der alten Gipsbrüche der Zechsteinformation sieht, die also noch älter als der Buntsandstein ist und schon zur Permformation, der Altzeit der Erde, gehört (Paläozoikum); sie enthält in Mitteldeutschland die großen Steinsalzlager, die als besondere Schichten unsere Kalisalze führen. Gips kommt auch in anderen geologischen Formationen vor und ist z. B. in dem oberen Buntsandstein von Rüdersdorf auch häufig.

Sachverzeichnis.

Sarothamnus 76, 87
Sattel 97
Sauergras, Seggen 30
Sauerklee 13, 69

GPSR Compliance

The European Union's (EU) General Product Safety Regulation (GPSR) is a set of rules that requires consumer products to be safe and our obligations to ensure this.

If you have any concerns about our products, you can contact us on ProductSafety@springernature.com

In case Publisher is established outside the EU, the EU authorized representative is:

Springer Nature Customer Service Center GmbH
Europaplatz 3
69115 Heidelberg, Germany

Batch number: 10682534

Printed by Printforce, the Netherlands